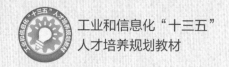
工业和信息化"十三五"
人才培养规划教材

Python Web
开发基础教程

Django 版 | 微课版

夏帮贵 主编

Python Web Programming
Tutorial(Django)

人民邮电出版社
北京

图书在版编目（CIP）数据

Python Web开发基础教程：Django版：微课版／夏帮贵主编. -- 北京：人民邮电出版社，2020.1
工业和信息化"十三五"人才培养规划教材
ISBN 978-7-115-52279-5

Ⅰ. ①P… Ⅱ. ①夏… Ⅲ. ①软件工具-程序设计-高等学校-教材 Ⅳ. ①TP311.561

中国版本图书馆CIP数据核字(2019)第230450号

内 容 提 要

本书系统地讲述了基于Django框架的Python Web开发的相关基础知识，涵盖了开发环境配置、Django配置、URL分发、模型和数据库、视图、模板、表单、Django工具等内容。对每一个知识点，本书都尽量结合实例帮助读者学习理解，并在每一章最后给出一个综合实例。

本书内容丰富、讲解详细，适用于初、中级Python Web开发用户，也可作为各类院校相关专业的教材，还可作为Python Web爱好者的参考书。

◆ 主　编　夏帮贵
　　责任编辑　左仲海
　　责任印制　马振武

◆ 人民邮电出版社出版发行　北京市丰台区成寿寺路11号
　　邮编　100164　电子邮件　315@ptpress.com.cn
　　网址　http://www.ptpress.com.cn
　　大厂回族自治县聚鑫印刷有限责任公司印刷

◆ 开本：787×1092　1/16
　　印张：15.25　　　　　　　　2020年1月第1版
　　字数：389千字　　　　　　　2024年12月河北第13次印刷

定价：49.80元

读者服务热线：(010)81055256　印装质量热线：(010)81055316
反盗版热线：(010)81055315
广告经营许可证：京东市监广登字 20170147 号

前 言 FOREWORD

Python 因其功能强大、简单易学、开发成本低廉，已成为深受广大应用程序开发人员喜爱的程序设计语言之一。Python 被广泛应用到各种领域，从简单的文字处理，到 Web 应用和游戏开发，甚至于数据分析、人工智能和航天飞机控制，Python 都能胜任。随着网络的广泛普及，Web 应用开发已成为开发人员的必备技能之一。Python 具备上百种 Web 开发框架，使用 Web 框架在 Python 中开发 Web 应用，可以极大地提高开发效率。

Django 是 Python 世界中成熟的 Web 框架。Django 功能全面，各模块之间紧密结合。由于 Django 提供了丰富、完善的文档，因此开发人员可以快速掌握 Python Web 开发知识并及时解决学习中遇到的各种问题。

党的二十大报告提出：我们要坚持教育优先发展、科技自立自强、人才引领驱动，加快建设教育强国、科技强国、人才强国。本书基于 Python 3.7 和 Django 2.2 及以上版本，详细讲解 Django 框架的主要功能特点，使读者能够比较全面地了解 Django。本书是针对具有一定 Web 开发经验和 Python 编程基础的 Web 开发人员，进行内容编排和章节组织的，争取让读者在短时间内掌握 Python Web 的开发方法。本书以"基础为主、实用为先、专业结合"为基本原则，在讲解 Django 技术知识的同时，力求结合项目实际，使读者能够理论联系实际，轻松掌握 Python Web 开发技术。

本书具有如下特点。

1. 入门条件低

读者只需了解 HTML、CSS、JavaScript 和 Python 的基础知识，跟随本书学习即可轻松掌握 Python Web 开发方法。

2. 学习成本低

本书在构建学习环境时，使用读者最熟悉的 Windows 10 操作系统；本书使用的 Python、Django、IDLE、SQLite 和 Visual Studio 2019 等编程工具均可免费获得。

3. 内容编排精心设计

本书内容编排并不求全、求深，而是考虑读者的接受能力，选择 Django 中必备、实用的知识进行讲解。各种知识和配套实例循序渐进、环环相扣，逐步涉及实际案例的各个方面。

4. 强调理论与实践结合

书中每个知识点都尽量安排一个短小、完整的实例，方便教师教学和学生学习。

5. 实用的课后习题

每章均准备一定数量的习题，方便教师安排作业，也帮助学生通过练习巩固本章所学知识。

6. 丰富的学习必备资源

为方便教学，本书收集了书中所有实例、资源以及习题参考答案，并精心录制了 128 个视频帮助读者学习。

本书作为教材使用时，课堂教学建议安排 44 学时，实验教学建议安排 22 学时。各章主要内容和学时安排如下表所示，教师可根据实际情况进行调整。

章	主要内容	课堂学时	实验学时
第 1 章	Python Web 开发起步	2	1
第 2 章	Django 配置	2	1
第 3 章	URL 分发	4	2
第 4 章	模型和数据库	6	3
第 5 章	视图	8	4
第 6 章	模板	2	1
第 7 章	表单	8	4
第 8 章	Django 工具	6	3
第 9 章	Python 在线题库	6	3

本书由西华大学夏帮贵主编。读者可登录人邮教育社区（www.ryjiaoyu.com）下载相关资源。

由于编者水平有限，书中难免存在不妥之处，敬请广大读者批评指正。编者邮箱：314757906@qq.com。

编者

2023 年 5 月

目 录 CONTENTS

第1章
Python Web 开发起步 ………… 1

1.1 Python Web 开发简介 …………………… 1
- 1.1.1 Web 应用基本架构 ………………… 1
- 1.1.2 Web 框架简介 …………………… 1
- 1.1.3 Python Web 框架简介 …………… 2
- 1.1.4 Django 简介 …………………… 2

1.2 配置 Web 开发环境 …………………… 4
- 1.2.1 安装 Python …………………… 4
- 1.2.2 安装 Django …………………… 6
- 1.2.3 配置系统环境变量 …………… 7
- 1.2.4 安装 Visual Studio …………… 9

1.3 创建 Django 项目 …………………… 10
- 1.3.1 执行命令创建项目 …………… 10
- 1.3.2 关于 django-admin 和 manage.py …………… 12
- 1.3.3 添加应用 …………………… 13
- 1.3.4 在 Visual Studio 中创建项目 …… 15
- 1.3.5 为项目定制虚拟开发环境 …… 17

1.4 实践：创建 HelloWorld 项目 ………… 19
本章小结 …………………………………… 21
习题 ………………………………………… 21

第2章
Django 配置 ………………… 22

2.1 Django 项目的配置文件 …………… 22
- 2.1.1 基本配置 …………………… 22
- 2.1.2 模板配置 …………………… 25
- 2.1.3 数据库配置 ………………… 26
- 2.1.4 静态资源配置 ……………… 26

2.2 在 Web 服务器中部署项目 ………… 28
- 2.2.1 常用 Web 服务器 …………… 28
- 2.2.2 WSGI 简介 …………………… 29
- 2.2.3 在 IIS 中部署 Django 项目 …… 30
- 2.2.4 部署包含静态资源的 Django 项目 ……………………………… 34

2.3 实践：在 IIS 中配置 HelloWorld 项目 ………………………………… 36
本章小结 …………………………………… 39
习题 ………………………………………… 39

第3章
URL 分发 …………………… 40

3.1 URL 分发机制简介 ………………… 40
3.2 URL 配置 …………………………… 41
- 3.2.1 URL 解析函数 ……………… 41
- 3.2.2 使用正则表达式 …………… 42
- 3.2.3 包含其他的 URL 配置 ……… 45

3.3 URL 参数传递 ……………………… 47
- 3.3.1 获取 URL 中的数据 ………… 47
- 3.3.2 路径转换器 ………………… 48
- 3.3.3 正则表达式中的变量 ……… 50

3.3.4 传递附加数据 …… 50
3.3.5 使用带默认值的参数 …… 51
3.4 反向解析 URL …… 52
 3.4.1 反向解析不带参数的命名 URL 模式 …… 52
 3.4.2 反向解析带参数的命名 URL 模式 …… 52
 3.4.3 反向解析视图函数 …… 53
 3.4.4 在模板中反向解析 URL …… 54
3.5 URL 命名空间 …… 55
 3.5.1 URL 命名空间简介 …… 55
 3.5.2 使用 URL 的应用命名空间 …… 55
 3.5.3 使用 URL 的实例命名空间 …… 58
3.6 实践：为 HelloWorld 项目增加导航链接 …… 60
本章小结 …… 61
习题 …… 61

第 4 章

模型和数据库 …… 62

4.1 模型基础 …… 62
 4.1.1 定义模型 …… 62
 4.1.2 模型配置 …… 63
 4.1.3 迁移数据库 …… 64
 4.1.4 定义字段 …… 66
4.2 数据操作 …… 67
 4.2.1 在 Visual Studio 中管理 SQLite 数据库 …… 68
 4.2.2 添加数据 …… 70
 4.2.3 获取数据 …… 71
 4.2.4 字段查找 …… 73
 4.2.5 更新数据 …… 75
 4.2.6 删除数据 …… 75

4.2.7 查询集操作 …… 75
4.3 索引 …… 77
 4.3.1 使用字段选项创建索引 …… 78
 4.3.2 在 Meta 子类中定义索引 …… 78
4.4 特殊查询表达式 …… 79
 4.4.1 准备实例数据 …… 79
 4.4.2 F()表达式 …… 81
 4.4.3 数据库函数表达式 …… 82
 4.4.4 Subquery()表达式 …… 82
 4.4.5 聚合函数 …… 82
 4.4.6 原始 SQL 表达式 …… 83
4.5 执行原始 SQL 查询 …… 83
 4.5.1 用 raw()方法执行原始 SQL …… 84
 4.5.2 直接执行原始 SQL …… 85
4.6 关系 …… 86
 4.6.1 多对一关系 …… 86
 4.6.2 多对多关系 …… 89
 4.6.3 使用中间模型 …… 92
 4.6.4 一对一关系 …… 93
4.7 实践：定义用户模型 …… 95
本章小结 …… 96
习题 …… 96

第 5 章

视图 …… 98

5.1 定义视图 …… 98
 5.1.1 定义和使用视图 …… 98
 5.1.2 返回错误 …… 99
 5.1.3 处理 Http404 异常 …… 102
5.2 处理请求和响应 …… 102
 5.2.1 获取请求数据 …… 102
 5.2.2 处理响应内容 …… 103

5.2.3 文件附件 …………………………… 104
5.2.4 生成 CSV 文件 ………………………… 105
5.2.5 生成 PDF 文件 ………………………… 106
5.2.6 返回 JSON 字符串 …………………… 107
5.2.7 使用响应模板 ………………………… 108
5.2.8 重定向 ………………………………… 108
5.3 在视图中使用模型 …………………………… 109
5.3.1 在视图中输出模型数据 …………… 109
5.3.2 数据分页 ……………………………… 110
5.4 基于类的视图 ………………………………… 113
5.4.1 使用基于类的视图 …………………… 113
5.4.2 设置视图类属性 ……………………… 116
5.4.3 扩展视图类 …………………………… 116
5.5 内置通用视图 ………………………………… 117
5.5.1 通用视图 DetailView ………………… 117
5.5.2 通用视图 ListView …………………… 119
5.6 实践：实现图形验证码 ……………………… 120
本章小结 …………………………………………… 122
习题 ………………………………………………… 123

第 6 章

模板 …………………………………………… 124

6.1 模板基础 ……………………………………… 124
6.1.1 配置模板引擎 ………………………… 124
6.1.2 使用模板类 …………………………… 125
6.1.3 使用模板文件 ………………………… 125
6.2 模板语言 ……………………………………… 127
6.2.1 变量 …………………………………… 127
6.2.2 注释 …………………………………… 128
6.2.3 过滤器 ………………………………… 128
6.2.4 标签：include ………………………… 129
6.2.5 标签：for ……………………………… 130

6.2.6 标签：if ……………………………… 132
6.3 模板继承 ……………………………………… 133
6.4 实践：用模板实现数据分页 ………… 134
本章小结 …………………………………………… 136
习题 ………………………………………………… 137

第 7 章

表单 …………………………………………… 138

7.1 表单基础 ……………………………………… 138
7.1.1 HTML 表单 …………………………… 138
7.1.2 Django 表单 …………………………… 140
7.2 Django 表单进阶 …………………………… 142
7.2.1 表单字段渲染方式 …………………… 142
7.2.2 表单字段类型和参数 ………………… 144
7.2.3 使用小部件 …………………………… 147
7.2.4 字段校验 ……………………………… 148
7.2.5 使用表单数据 ………………………… 150
7.2.6 手动渲染字段 ………………………… 151
7.2.7 遍历字段 ……………………………… 152
7.2.8 表单集 ………………………………… 154
7.3 模型表单 ……………………………………… 155
7.3.1 模型表单基本操作 …………………… 156
7.3.2 在视图中使用模型表单 ……………… 157
7.3.3 自定义模型表单字段 ………………… 158
7.4 资源 …………………………………………… 160
7.4.1 小部件资源 …………………………… 160
7.4.2 表单资源 ……………………………… 161
7.5 Ajax …………………………………………… 162
7.5.1 实现客户端 Web 页面 ………………… 163
7.5.2 处理请求 ……………………………… 164
7.6 实践：实现用户注册 ………………………… 164

本章小结 169
习题 169

第 8 章

Django 工具 170

8.1 Admin 站点 170
8.1.1 启用 Admin 站点 170
8.1.2 管理用户 173
8.1.3 管理组 175
8.1.4 管理模型 178

8.2 用户认证 182
8.2.1 用户认证相关模型 182
8.2.2 控制台用户管理 184
8.2.3 内置认证视图 186
8.2.4 自定义视图中的身份认证 194
8.2.5 限制页面登录访问 195
8.2.6 限制页面访问权限 197
8.2.7 自定义页面访问限制条件 197

8.3 发送 E-mail 197
8.3.1 E-mail 配置 197
8.3.2 发送密码重置邮件 198
8.3.3 自定义 E-mail 发送 199
8.3.4 E-mail 后端 202

8.4 会话控制 203
8.4.1 启用会话控制 203
8.4.2 会话对象方法 205
8.4.3 在视图中使用会话 207

8.5 实践：自定义 User 模型 209
本章小结 216
习题 216

第 9 章

Python 在线题库 217

9.1 项目设计 217
9.1.1 功能分析 217
9.1.2 数据库设计 217

9.2 项目实现 218
9.2.1 创建项目和应用 218
9.2.2 创建模型和数据库 218
9.2.3 注册模型 221
9.2.4 创建添加和修改试题对象模板 223
9.2.5 创建添加和修改试卷内容对象模板 223
9.2.6 实现随机抽取试题 224

9.3 数据管理 225
9.3.1 试题类型模型管理 225
9.3.2 试题模型管理 226
9.3.3 试卷模板模型管理 227
9.3.4 试卷内容模型管理 228

9.4 实现试卷导出 229
9.4.1 基本思路 230
9.4.2 定义试卷导出页面模板 230
9.4.3 定义试卷导出相关视图 231
9.4.4 测试试卷导出页面 234
本章小结 235
习题 235

第1章
Python Web 开发起步

Python 是目前最受欢迎的开发 Web 应用的程序设计语言之一。本章将介绍与 Python Web 开发有关的基础知识、开发环境的配置方法以及创建简单的 Python Web 项目的方法。

本章要点
- 了解 Python Web 开发的基础知识
- 掌握开发环境的配置方法
- 掌握创建 Django 项目的方法

1.1 Python Web 开发简介

Web 应用越来越丰富,从最初的静态 HTML、电子邮件,到如今的动态网页、云计算、虚拟社区、电子商务等,这些 Web 应用都是以互联网为基础的。Python 可用于开发各种类型的 Web 应用。

1.1.1 Web 应用基本架构

Web 应用有两种基本架构:C/S 和 B/S。

1. C/S 架构

C/S 指 Client/Server,即客户端/服务器。客户端和服务器是两个应用程序,通常部署在两台不同的计算机上。客户端和服务器通过网络进行通信,充分利用本机资源处理相关数据,只在网络中传输必要的数据。客户端负责将客户请求提交给服务器,再将接收到的响应结果显示给用户。服务器接收来自客户端的请求,进行相应的计算处理,然后将结果返回给客户端。

2. B/S 架构

B/S 指 Browser/Server,即浏览器/服务器。B/S 架构将 Web 浏览器作为客户端应用软件,是一种特殊的 C/S 架构。

1.1.2 Web 框架简介

Web 框架是一组 Web 开发工具包,它封装了底层的数据库访问、协议、线程等细节,使 Web 开发人员专注于业务逻辑设计。Web 框架的使用不仅大大提高了开发效率,同时还保障了 Web 项目的质量。

MVC 框架就是一种典型的应用开发模式。MVC 是 Model（模型）、View（视图）和 Controller（控制器）的缩写。

- 模型：用于封装应用的数据和数据处理方法。模型只提供功能接口，视图只能通过接口来访问模型功能。
- 视图：用于实现用户界面，负责数据的显示，完成与用户的交互。在早期的 Web 应用中，视图是由 HTML 元素构成的界面。在新的 Web 应用程序中，Adobe Flash、XHTML、XML/XSL、CSS、DHTML 等新技术也用于构成 Web 界面。
- 控制器：根据用户输入调用模型和视图完成相应处理。控制器相当于调度中心，它本身不产生数据，只是接收请求并决定调用哪个模型来处理请求，然后再确定用哪个视图来显示结果。

MVC 将复杂的应用程序开发分层管理。使开发人员专注于特定项目模块，不同的开发人员分别负责模型、视图和控制器的开发。

MVC 被广泛用于桌面应用程序和 Web 应用的开发。常见的 MVC 架构包括 C++语言的 QT、MFC、gtk，Java 语言的 Struts、Spring，PHP 语言的 ZF，微软的.NET MVC，Python 语言的 Django 等。

1.1.3 Python Web 框架简介

在 Python 的发展过程中，出现了数十种 Web 框架。例如 Django、Tornado、Flask、Web2py、Twisted、Bottle 等。本书主要介绍如何使用 Django 框架进行 Web 开发。

1. Django

Django 是 Python 世界中最出名、最成熟的 Web 框架。Django 功能全面，各模块之间结合紧密。Django 提供了丰富、完善的文档，帮助开发者快速掌握 Python Web 开发技巧，并及时解决学习中遇到的各种问题。

2. Flask

Flask 是一个用 Python 实现的轻量级 Web 框架，被称为"微框架"。Flask 的核心简单，通过扩展组件增加其他功能。

3. Web2py

Web2py 是一个大而全，为 Python 提供一站式 Web 开发支持的框架。它旨在快速实现 Web 应用，提供快速、安全以及可移植的数据库支持，Web2py 兼容 Google App Engine。

4. Bottle

Bottle 是一个简单高效的遵循 WSGI 的微型 Python Web 框架，它只有一个文件，除 Python 标准库外，它不依赖于任何第三方模块。

5. Tornado

Tornado 的全称是 Tornado Web Server，它既可用作 Web 服务器，也可作为 Python Web 框架。Tornado 最早用于 FriendFeed、FaceBook 等社交网站。

1.1.4 Django 简介

Django 是一个用 Python 实现的开源 Web 框架，最初用于劳伦斯出版集团旗下一些新闻网站的内容管理。Django 于 2005 年 7 月在 BSD 许可证下发布,它以比利时的吉普赛爵士吉他手 Django Reinhardt 的名字来命名。

Django 采用了类似于 MVC 的 MTV 框架,即 Model(模型)、Template(模板)和 View(视图)。

- 模型:数据存取层,处理所有与数据相关的事务,例如模型定义、数据读写、数据关系定义、数据有效性验证等。
- 模板:表现层,使用模板语言设计数据在页面中的显示形式。
- 视图:业务逻辑层,决定调用哪些模型和模板,是模型与模板之间的桥梁。

Django 将 MVC 中的"视图"分解为 Django 视图和 Django 模板,分别决定"用哪些数据完成哪些任务"和"如何展示响应结果"。Django 的视图实现了 MVC 中的控制器部分功能。

2017 年 12 月 2 日,Django 发布了 2.0 版本,这是一次重大更新。Django 2.0 支持 Python 3.4、3.5、3.6 和 3.7,不再支持 Python 2。Django 1.11.x 系列版本是最后一个支持 Python 2.7 的系列。Django 2.0 也是支持 Python 3.4 的最后一个发行版本。

新版本的 Django 总是倾向于支持最新版本的 Python。在项目开发过程中使用的 Django 和 Python 版本,有可能在项目部署时不再受新版本支持。所以,应注意开发和部署时的版本差异问题。

Django 主要版本如表 1-1 所示。

表 1-1 Django 主要版本

Django 版本	支持的 Python 版本
1.8	2.7、3.2、3.3、3.4、3.5
1.9、1.10	2.7、3.4、3.5
1.11	2.7、3.4、3.5、3.6
2.0	3.4、3.5、3.6、3.7
2.1、2.2	3.5、3.6、3.7

Django 主要功能如下。

- 对象关系映射(Object Relational Mapping,ORM):用类来定义数据模型,ORM 完成模型和关系数据库的映射。开发人员只需要定义和使用模型,底层的各种数据库操作(数据表的创建和修改、数据读写等)由 ORM 完成。
- 灵活的 URL 分发机制:Django 通过 URLconf(URL 配置模块)来处理 URL 映射。开发人员可定义任意格式的网址模板,并可在网址模板中使用正则表达式。
- 模板系统:提供可扩展的模板语言,使用模板语言可快速完成模板设计,也可以很方便地使用视图传递给模板的数据。模板具有可继承性,通过继承,可以方便地进行模板的模块化设计。
- 表单处理:Django 提供了一系列内置表单,这些表单覆盖了常用的 Web 功能。开发人员也可通过简单的扩展,为内置表单增添自定义功能。
- 缓存系统:完善的缓存系统,支持多种方式的缓存。
- 国际化:内置的国际化支持,便于开发多语种网站。

- admin 管理站点：Django 提供的内置 admin 管理站点具有可扩展性，是一个网站后台管理系统，可管理项目中的模型和用户。
- 用户认证系统：提供用户认证、权限管理以及用户组管理等功能。

1.2 配置 Web 开发环境

使用 Django 进行 Python Web 开发，需要安装 Python 和 Django。代码编辑器可使用 Python 自带的 IDLE，或者使用集成开发环境（如 Visual Studio、PyCharm 等）。Web 服务器可使用 Django 自带的开发服务器，或者使用 Apache、IIS 等服务器。数据库可使用 Python 自带的 SQLite，或者 MySQL、MS SQL Server 等。

1.2.1 安装 Python

在 Windows 10 系统中安装 Python 的具体操作步骤如下。

（1）在浏览器中访问如图 1-1 所示 Python 主页。

（2）将鼠标指针指向导航菜单中的"Downloads\Windows"显示下载列表。

V1-1 在 Windows 10 中安装 Python

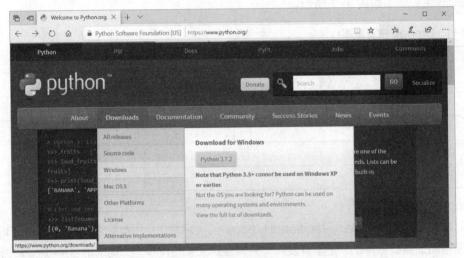

图 1-1 Python 主页中的 Windows 下载链接

（3）单击页面中的"Python 3.7.2"链接，下载 Python 安装程序。

（4）运行 Python 安装程序，系统会弹出警告对话框提示，如图 1-2 所示。

（5）单击"运行"按钮，启动 Python 安装程序，如图 1-3 所示。

（6）有两种安装方式：Install Now 和 Customize installation。Install Now 表示按默认设置安装。Customize installation 表示自定义安装。勾选安装程序最下方的"Add Python 3.7 to PATH"复选项，让安装程序将 Python 安装目录加入系统环境的 PATH 变量中，这样可在 Windows 命令窗口中任意目录下执行 Python.exe。单击"Customize installation"，开始自定义安装，打开可选功能选择窗口，如图 1-4 所示。

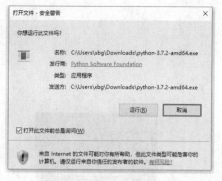

图 1-2 警告对话框提示

图 1-3 Python 安装程序

（7）可选功能包括 Documentation（Python 文档）、pip（Python 包安装工具）、td/tk and IDLE（Python GUI 包和 Python 自带的代码编辑工具）、Python test suite（Python 测试组件）、py laucher（py 启动器）、for all users（requires elevation）（对所有用户安装）等。安装程序默认选中全部选项，如果不想安装某个功能，取消选择即可。设置了可选功能后，单击"Next"按钮，打开高级选项窗口，如图 1-5 所示。

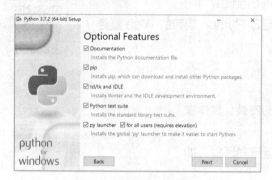

图 1-4 设置可选功能

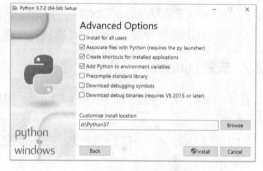

图 1-5 设置高级选项

（8）高级选项包括 Install for all users（安装对所有用户有效）、Associate files with Python（requires the py launcher）（关联.py 文件和 Python 设置）、Create shortcuts for installed applications（为 Python 创建快捷方式）、Add Python to environment variables（将 Python 添加到系统环境变量）、Precompile standard library（预编译 Python 标准库）、Download debugging symbols（下载调试标志）、Download debug binaries（requires VS 2015 or later）（下载调试二进制库）以及 Customize install location（设置 Python 安装路径）等设置。可在窗口下方的输入框中更改 Python 安装路径，如 d:\Python37。最后，单击"Install"按钮执行安装操作。系统会打开对话框提示是否允许安装程序对设备执行更改操作，如图 1-6 所示。

（9）单击"是"按钮，允许 Python 程序执行操作。成功完成安装后，安装程序显示如图 1-7 所示的提示窗口。

（10）单击"Close"按钮，结束 Python 安装操作。

安装完成后，可在 Windows 开始菜单的"Python 3.7"文

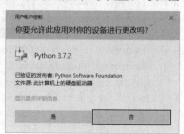

图 1-6 系统允许操作提示

件夹中看到 Python 的相关菜单选项，如图 1-8 所示。

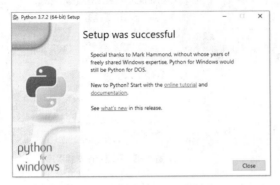

图 1-7 Python 成功完成安装提示

图 1-8 系统开始菜单中的 Python 选项

Windows 系统开始菜单中各个 Python 选项的作用如下。
- IDLE（Python 3.7 64-bit）：打开 IDLE。
- Python 3.7（64-bit）：打开 Python 3.7 命令提示符窗口。
- Python 3.7 Manuals（64-bit）：打开 Python 3.7 手册。
- Python 3.7 Module Docs（64-bit）：启动 Python 自带的 Web 服务器，在浏览器中显示 Python 模块的文档。

V1-2 安装 Django

1.2.2 安装 Django

在 Python 安装完成后，可进行 Django 包的安装，具体操作步骤如下。

（1）按【Windows+R】组合键，打开系统运行对话框，如图 1-9 所示。

（2）输入 cmd，单击"确定"按钮运行，打开系统命令提示符窗口。

图 1-9 系统运行对话框

（3）在命令提示符窗口中执行"pip install django"命令安装 Django 包，示例代码如下。

```
C:\>pip install django
Collecting django
  Downloading
https://files.pythonhosted.org/packages/d6/57/66997ca6ef17d2d0f0ebcd860bc6778095ffee04077ca8985928175da
358/Django-2.2.4-py3-none-any.whl (7.5MB)
    |████████████████████████████████| 7.5MB 10kB/s
Requirement already satisfied: pytz in d:\python37\lib\site-packages (from django) (2018.9)
Requirement already satisfied: sqlparse in d:\python37\lib\site-packages (from django) (0.3.0)
Installing collected packages: django
Successfully installed django-2.2.4
```

pip 自动安装最新版本的 Django 包，从上述运行代码中可以看到安装的是 Django 2.2.4 版本。可执行"python -m django --version"命令查看 Django 版本，示例代码如下。

```
C:\>python -m django --version
2.2.4
```

命令成功执行并显示安装的 Django 版本号为 2.2.4，说明 Django 包安装成功。

如果要安装指定版本的 Django，可在命令中指定版本号，例如：

```
C:\>pip install django==2.2.2
```

升级 Django 到最新版本的命令如下。

```
C:\>pip install --upgrade django
```

卸载 Django 命令如下。

```
C:\>pip uninstall django
```

1.2.3 配置系统环境变量

V1-3 配置系统环境变量

在学习 Django 基础知识的过程中，会经常使用到命令行工具，这需要在 Windows 命令提示符窗口中执行 Python.exe、pip.exe 和 django-admin.exe 等相关命令。Python.exe 默认位于 Python 安装目录（如 D:\Python37\），pip.exe 和 django-admin.exe 等第三方工具默认位于 Python 安装目录下的 Scripts 子文件夹（如 D:\Python37\Scripts\）。

在安装 Python 时，如果选择了将 Python 添加到系统环境变量，安装程序会在系统环境变量 Path 中添加 Python 安装路径和 Python 安装目录下的 Scripts 子文件夹路径。

本节讲解如何在 Windows 10 中手动配置系统环境变量，具体操作步骤如下。

（1）按【Windows+I】组合键，打开系统设置窗口。

（2）在搜索框中输入"系统环境变量"，输入时会自动显示搜索结果列表，如图 1-10 所示。

图 1-10 搜索系统设置

（3）在搜索结果列表中选择"编辑系统环境变量"选项，打开"系统属性"对话框，对话框默认显示"高级"选项卡，如图 1-11 所示。

（4）单击对话框右下角的"环境变量"按钮，打开"环境变量"对话框，如图 1-12 所示。

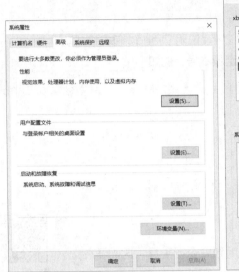
图 1-11 "系统属性"对话框

图 1-12 "环境变量"对话框

（5）"环境变量"对话框包含用户变量和系统变量两个列表。用户变量只用于当前用户，系统变量用于系统全部用户。在用户变量列表中双击 Path 变量，打开"编辑环境变量"对话框，如图 1-13 所示。

图 1-13 "编辑环境变量"对话框

（6）对话框中的"D:\Python37\Scripts\"和"D:\Python37\"是需要添加的两个路径。如果没有，可单击"新建"按钮添加。在列表中双击路径，或者在单击选中路径后单击"编辑"按钮，可修改现有路径。

（7）完成设置后，单击"确定"按钮关闭对话框。

1.2.4 安装 Visual Studio

V1-4 安装 Visual Studio

Visual Studio 是微软推出的集成开发工具,它支持 Windows 和 Mac 系统,可开发 Android、iOS、Mac、Windows、Web 和云等应用。在 Web 开发领域,Visual Studio 支持 Angular、jQuery、Bootstrap、Django、Backbone.js 以及 Express 等多种 Web 框架。Visual Studio 的最新版本为 Visual Studio 2019。

Visual Studio 安装操作步骤如下。

(1)在浏览器中访问 Visual Studio 主页。

(2)将鼠标光标指向页面左侧的"下载 Visual Studio"选项,显示下载列表,如图 1-14 所示。下载列表提供了 Visual Studio 的社区版(Community)、专业版(Professional)和企业版(Enterprise)下载链接。社区版的 Visual Studio 可免费使用。单击"Community 2019"链接,下载社区版的 Visual Studio 安装程序。

图 1-14 Visual Studio 主页

(3)运行下载的安装程序。系统会弹出操作允许提示对话框,如图 1-15 所示。

(4)单击"是"按钮,允许安装程序执行操作。安装程序首先打开安装提示对话框,如图 1-16 所示。

图 1-15 系统操作允许提示

图 1-16 安装提示

（5）单击"继续"按钮，允许执行后续安装操作。安装程序会联网下载并安装需要的文件。安装成功后，会启动 Visual Studio Installer 界面，如图 1-17 所示。

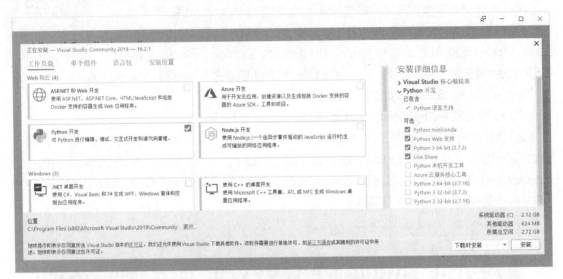

图 1-17　Visual Studio Installer 的工作负载选择界面

（6）在工作负载页面中勾选"Python 开发"复选项。在窗口右侧的可选列表中会默认勾选了"Python Web 支持"复选项。Python Web 支持包含了 Visual Studio 用于支持 Django、Bottle、Flask 等 Python Web 框架的开发支持组件。

（7）单击窗口右下角的"安装"按钮，执行安装操作。安装程序会联网下载所需文件并安装相关组件。Visual Studio 安装完成后，可直接关闭 Visual Studio Installer。如果需要更改 Visual Studio 安装设置，可从 Windows 开始菜单中运行 Visual Studio Installer。

1.3 创建 Django 项目

一个 Django 项目是配置和应用的集合。每个 Django 项目可包含一个或多个应用，每个应用可视为一个网站，应用的视图可视为网页。本节将讲解如何执行命令创建项目和在 Visual Studio 中创建项目。

1.3.1 执行命令创建项目

本节将创建一个简单的 Django 项目，并运行开发服务器测试运行效果。

1. 创建项目

在 Windows 的命令提示符窗口中执行下面的命令。

```
D:\>django-admin startproject myDjango
```

命令在 D 盘根目录中创建一个名称为 myDjango 的项目。django-admin 将为项目创建一个名为 myDjango 文件夹，并在其中创建项目的其他文件。

2. 了解项目组成

在 Visual Studio 中选择"文件\打开\文件夹"命令，打开 myDjango 文件夹，如图 1-18 所示。

项目 myDjango 包含了一个子文件夹 myDjango 和一个文件 manage.py。myDjango 子文件夹中又包含了 4 个.py 文件。各个文件夹和.py 文件的作用如下。

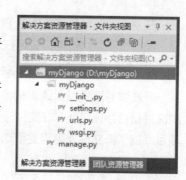

图 1-18　Django 项目的文件夹视图

- 根文件夹 myDjango：根文件夹是项目容器，项目所有内容均放在该文件夹中。
- 子文件夹 myDjango：主要包含项目的 4 个配置文件。它是一个纯 Python 包，可引用其内部的任何内容，例如 myDjango.urls 表示引用其中的 urls.py。

  myDjango_init_.py：一个空文件，告诉 Python 该目录是一个 Python 包。

  myDjango\settings.py：Django 项目的配置文件。

  myDjango\urls.py：Django 项目的 URL 配置文件，包含访问视图的 URL 规则。

  myDjango\wsgi.py：项目运行于 Web 服务器的入口，无须修改。WSGI 是 Python Web Server Gateway Interface 的缩写，即 Python Web 服务器网关接口。运行 Python Web 项目的 Web 服务器应兼容 WSGI。

- manage.py：项目的命令行工具，用于执行项目的各种管理操作，如创建应用、执行数据库迁移、启动开发服务器等。

3. 运行开发服务器

Django 项目创建完成后，可运行 Django 提供的开发服务器来测试项目是否创建成功。

在 Windows 的命令提示符窗口中执行下面的命令。

```
D:\>cd mydjango
D:\myDjango>python manage.py runserver
Watching for file changes with StatReloader
Performing system checks...

System check identified no issues (0 silenced).

You have 17 unapplied migration(s). Your project may not work properly until you apply the migrations for app(s): admin, auth, contenttypes, sessions.
Run 'python manage.py migrate' to apply them.
August 13, 2019 - 00:00:11
Django version 2.2.4, using settings 'myDjango.settings'
Starting development server at http://127.0.0.1:8000/
Quit the server with CTRL-BREAK.
```

开发服务器为项目设置的默认访问 URL 为：http://127.0.0.1:8000/，按【Ctrl+C】组合键可终止服务器运行。开发服务器成功启动后，在浏览器中访问 127.0.0.1:8000，显示项目默认首页，如图 1-19 所示。看到该页面，就说明已成功创建了 Django 项目。

开发服务器是 Django 自带的一个用 Python 实现的 Web 服务器。它使开发人员无须将项目部署到 Apache、IIS 等生产服务器，就可以测试项目运行的实际效果。

开发服务器默认监听本地 8000 端口,所以用 127.0.0.1:8000 来访问 Django 项目。

如果想使用其他端口,可在启动服务器时指定端口,示例代码如下。

```
D:\myDjango>python manage.py runserver 8080
```

开发服务器具有自动重载特性。在服务器启动后,如果修改了现有的代码文件,服务器首先检测文件是否存在错误,在文件没有错误时重新加载修改后的文件,而无须手动重启服务器。如果为项目添加了新文件,则需要手动重启服务器。

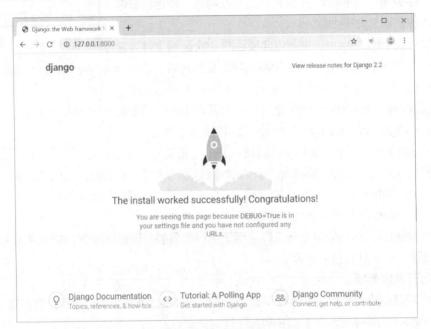

图 1-19 Django 项目默认首页

1.3.2 关于 django-admin 和 manage.py

django-admin 是 Django 提供的命令行工具,用于创建项目、创建应用、执行迁移数据库等各种与项目有关的操作。

manage.py 是 Django 在创建项目时自动为项目创建的文件,其作用与 django-admin 相同。两者的区别在于:django-admin 可在系统任意文件夹中使用,它使用 Django 的全局设置;manage.py 只能在项目根文件夹中使用,它使用项目 settings.py 文件中的设置。

manage.py 的代码如下。

```python
#!/usr/bin/env python
"""Django's command-line utility for administrative tasks."""
import os
import sys
def main():
    os.environ.setdefault('DJANGO_SETTINGS_MODULE', 'myDjango.settings')
    try:
        from django.core.management import execute_from_command_line
    except ImportError as exc:
```

```
        raise ImportError(
            "Couldn't import Django. Are you sure it's installed and "
            "available on your PYTHONPATH environment variable? Did you "
            "forget to activate a virtual environment?"
        ) from exc
    execute_from_command_line(sys.argv)
if __name__ == '__main__':
    main()
```

manage.py 与 django-admin 最大的不同在于 manage.py 将 DJANGO_SETTINGS_MODULE 环境变量设置为当前项目的配置模块,如 myDjango.settings——即项目的 settings.py 文件。

manage.py 和 django-admin 都是调用 django.core.management 模块中的 execute_from_command_line()函数来执行命令。

manage.py 和 django-admin 的命令格式如下。

```
django-admin <command> [options]
python -m django <command> [options]
python manage.py <command> [options]
```

其中,command 为子命令,options 为命令选项。例如,使用 python manage.py runserver 8080 命令启动开发服务器。

在当前项目根文件夹中,可采用"manage.py <command> [options]"格式执行命令,示例代码如下。

```
D:\myDjango>manage.py startapp first
```

第一次执行 manage.py 时,系统会要求用户选择打开.py 文件的默认程序,如果选择使用 Python.exe 来打开.py 文件,以后直接执行.py 文件时就会默认使用 Python.exe。

1.3.3 添加应用

本节为 1.3.1 节创建的 myDjango 项目添加应用,并为应用创建一个简单的视图。

1. 创建应用

执行下面的命令,为项目添加一个名为 first 的应用。

```
D:\myDjango>python manage.py startapp first
```

在 Visual Studio 中打开文件夹视图,可看到 myDjango 项目中多了一个 first 子文件夹,如图 1-20 所示。

first 应用中的文件夹和文件作用如下。

- 子文件夹 migrations:包含与数据库迁移有关的文件。
- __init__.py:Python 包的初始化文件。
- admin.py:与后台管理系统有关的配置文件。
- apps.py:应用的配置文件。
- models.py:应用的模型文件。
- tests.py:应用的测试文件。

图 1-20 添加应用后的文件夹视图

- views.py：应用的视图文件。

2. 创建视图

用 IDLE 打开 myDjango\first\views.py，在文件中定义一个名为 index 的视图函数，代码如下。

```python
from django.http import HttpResponse
def index(request):
    return HttpResponse("这是我的第一个Django网页！")
```

index 视图函数会在浏览器中显示一个字符串。要查看 index 视图函数的显示效果，还需要配置项目的 URL。

3. 配置项目 URL

用 IDLE 打开 myDjango\myDjango\urls.py 文件，添加 URL 配置，以访问应用 first 中的 index 视图函数，代码如下。

```python
from django.contrib import admin
from django.urls import path
from first import views
urlpatterns = [
    path('first/', views.index),
    path('admin/', admin.site.urls),
]
```

代码中加粗的代码是添加的 URL 配置，当 URL 路径为 "first/" 时，访问应用 first 中的视图函数 index，其完整访问路径为 http://127.0.0.1:8000/first/。这里的 "first/" 也可换成其他的字符串。

代码中的 "path('admin/', admin.site.urls),"是 Django 默认添加的用于访问 Django 提供的 Admin 站点的 URL 配置。

4. 测试运行效果

在启动开发服务器后，在浏览器中访问 http://127.0.0.1:8000，效果如图 1-21 所示。因为访问的 URL 只提供了 IP 地址和端口，没有指定具体的路径。而在上面的 urls.py 文件中，由于只配置了 "first/" 和 "admin/" 作为访问路径，Django 无法找到与空路径匹配的 URL 配置，所以报错。

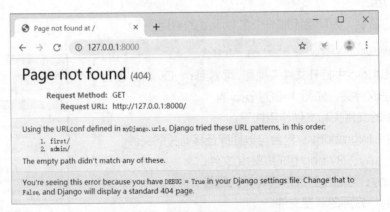

图 1-21　未指定路径时访问错误

将前面 urls.py 中的 "first/" 修改为 ""，即，

```
path('', views.index),
```

保存文件后，刷新浏览器。此时的 URL 为 http://127.0.0.1:8000，没有路径，所以 Django 调用 views.index 函数，页面中的输出结果如图 1-22 所示。

图 1-22　使用空路径访问 index 函数

将 urls.py 中的 """ 改回 "'first/'"，在浏览器中访问 http://127.0.0.1:8000，页面输出结果如图 1-23 所示。其与图 1-22 的区别只是浏览器地址栏中的 URL 不同，页面中都是同一个 index 函数的输出结果。

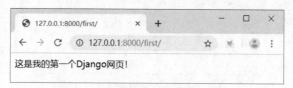

图 1-23　用指定路径访问 index 函数

1.3.4　在 Visual Studio 中创建项目

Visual Studio 是一个可视化的集成开发环境，可以直观、高效地创建和管理 Web 项目。在 Visual Studio 中创建 Django 项目的具体操作步骤如下。

V1-6 在 Visual Studio 中创建项目

（1）在 Visual Studio 中选择"文件\新建\项目"命令，打开"创建新项目"对话框，如图 1-24 所示。

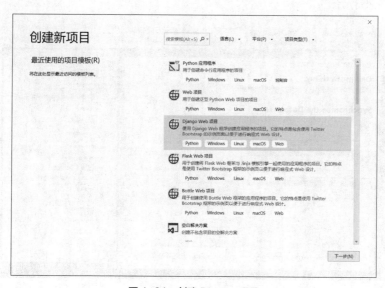

图 1-24　创建 Django 项目

（2）单击选中"Django Web 项目"选项后单击"下一步"按钮，或者双击"Django Web 项目"选项，打开"配置新项目"对话框，如图 1-25 所示。

图 1-25 配置新项目

（3）在"项目名称"框中输入"myVsDjango"，在位置框中输入"D:\"，选中"将解决方案和项目放在同一目录中"复选框。单击"创建"按钮，Visual Studio 按设置创建 Django 项目。

在 Visual Studio 2017 中，完成 Django 项目创建后，Visual Studio 会提示为项目创建虚拟环境。Visual Studio 2019 会自动应用 Python 全局设置作为当前项目的虚拟环境。

完成创建项目之后，在 Visual Studio 的解决方案资源管理器中可查看项目文件夹的结构和相关文件，如图 1-26 所示。

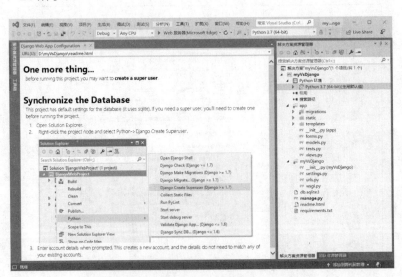

图 1-26 Visual Studio 中的 Django 项目

在解决方案资源管理器中，可看到 Visual Studio 除了为 myVsDjango 项目创建同名子目录及其他项目文件外，还创建了 Python 环境文件夹和一个名称为 app 的应用。

在 Visual Studio 菜单中选择"调试\开始调试"或"调试\开始执行（不调式）"命令，运行项目，查看项目运行效果，如图 1-27 所示。

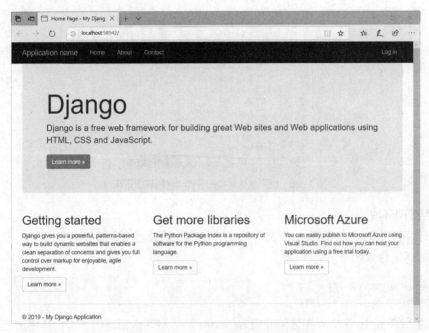

图 1-27　myVsDjango 项目运行效果

1.3.5　为项目定制虚拟开发环境

V1-7 为项目定制虚拟开发环境

虚拟开发环境指在特定目录中安装开发 Python 项目所需的所有软件包。不同虚拟开发环境之间是相互隔离的，避免了 Python 不同版本（特别是 Python 2 和 Python 3）、软件包和第三方库之间的不兼容问题。在虚拟开发环境这一个独立的环境中就不会出现版本兼容问题，也方便软件部署。

在 Python 中可使用 venv 和 virtualenvwrapper-win 管理 Python 的虚拟开发环境。从 Python 3.3 开始，venv 已集成为 Python 的标准库，不需要单独安装，virtualenvwrapper-win 需要单独安装。

1. 创建虚拟环境

创建虚拟环境的命令如下。

```
D:\djcode>python -m venv myenv
```

该命令在当前目录中创建子目录 myenv，并使用默认版本的 Python 创建虚拟环境用 Visual Studio 打开 myenv 目录查看目录结构，如图 1-28 所示。

myenv 中的 Include 子目录保存包含文件，Lib 子目录保存为虚拟环境安装的 Python 库，Scripts 子目录保存 pip.exe 和 python.exe 等命令。

图 1-28　使用默认版本的 Python 创建虚拟环境

2. 使用虚拟环境

在虚拟环境文件夹下的 Scripts 子文件夹中，包含了管理虚拟环境的命令。

激活虚拟环境命令如下。

```
D:\djcode>cd myenv\scripts
D:\djcode\myenv\Scripts>activate
```

需要先进入 Scripts 子文件夹才能使用 activate 命令激活虚拟环境。虚拟环境激活后，系统提示符如下所示。

```
(myenv) D:\djcode\myenv\Scripts>
```

虚拟环境激活后，在提示符下执行的各种命令，都使用虚拟环境中的配置。例如，可以执行 pip install django 命令为虚拟环境安装 Django 库。

关闭虚拟环境命令如下。

```
(myenv) D:\djcode\myenv\Scripts>deactivate
```

虚拟环境关闭后，系统提示符会恢复正常。

3. 使用 virtualenvwrapper-win

使用虚拟环境需要记住文件夹路径。在 Windows 环境中，可使用 virtualenvwrapper-win 提供的便捷命令来使用虚拟环境。

- 安装 virtualenvwrapper-win

命令如下。

```
D:\djcode>pip install virtualenvwrapper-win
```

- 使用默认版本 Python 创建虚拟环境

命令如下。

```
D:\djcode>mkvirtualenv myenv3
```

命令执行结果如图 1-29 所示。mkvirtualenv 创建完虚拟环境后，会自动激活虚拟环境。

从图 1-29 中可以看到，默认情况下 mkvirtualenv 在当前系统用户目录下的 Envs 子目录中创建虚拟环境。如果需要在其他目录中创建虚拟环境，可创建系统环境变量 WORKON_HOME，在其中指定目录，例如"D:\PythonProjects\Envs"。

- 使用指定版本 Python 创建虚拟环境

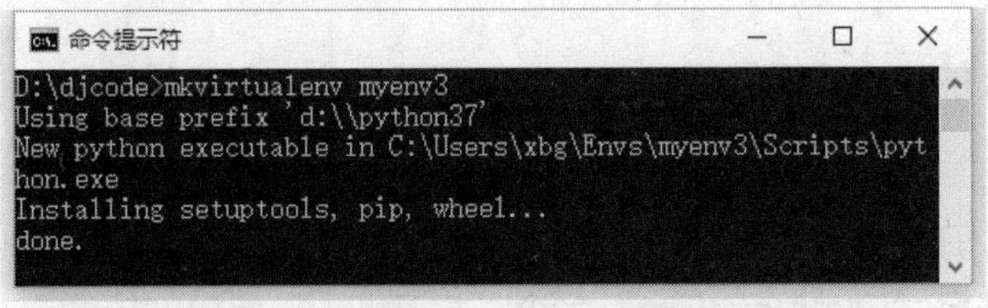

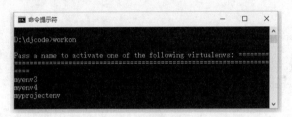

图 1-29　使用 mkvirtualenv 创建虚拟环境

命令如下。

```
D:\djcode>mkvirtualenv --python=d:\Python27\python.exe myenv4
```

- 查看所有虚拟环境

命令如下。

```
D:\djcode>workon
```

命令会列出当前所有的虚拟环境，如图 1-30 所示。

图 1-30　查看虚拟环境

- 激活虚拟环境

命令如下，此命令可在任意位置使用。

```
D:\djcode>workon myenv3
```

- 关闭虚拟环境

命令如下。

```
(myenv3) D:\djcode>deactivate
```

1.4　实践：创建 HelloWorld 项目

V1-8 创建 HelloWorld 项目

本节综合应用本章所学知识，创建一个名称为 HelloWorld 的项目，项目默认首页在浏览器中显示"Hello World!"，如图 1-31 所示。

图 1-31 HelloWorld 项目默认首页

具体操作步骤如下。

（1）在 Windows 的命令提示符窗口中，执行下面的命令创建项目。

```
D:\>django-admin startproject HelloWorld
```

（2）在 Windows 开始菜单中选择"Python 3.7\IDLE"命令，启动 IDLE。

（3）在 IDLE 中选择"File\New File"命令，打开 IDLE 代码编辑窗口。

（4）在 IDLE 代码编辑窗口中输入下面的代码定义视图。

```
from django.http import HttpResponse
def hello(request):
    return HttpResponse("Hello World!")
```

（5）按【Ctrl+S】组合键保存文件。将文件保存到项目的 HelloWorld 子文件夹 D:\HelloWorld\HelloWorld 中，文件命名为 views.py。

（6）在 IDLE 代码编辑窗口中选择"文件\打开"命令，打开项目的 URL 配置文件 D:\HelloWorld\HelloWorld\urls.py。添加 hello 视图的 URL 配置，代码如下（加粗代码为添加的内容）。

```
"""HelloWorld URL Configuration

The `urlpatterns` list routes URLs to views. For more information please see:
    https://docs.djangoproject.com/en/2.1/topics/http/urls/
Examples:
Function views
    1. Add an import:  from my_app import views
    2. Add a URL to urlpatterns:  path('', views.home, name='home')
Class-based views
    1. Add an import:  from other_app.views import Home
    2. Add a URL to urlpatterns:  path('', Home.as_view(), name='home')
Including another URLconf
    1. Import the include() function: from django.urls import include, path
    2. Add a URL to urlpatterns:  path('blog/', include('blog.urls'))
"""
from django.contrib import admin
from django.urls import path
from . import views
urlpatterns = [
    path('',views.hello,name='hello'),
    path('admin/', admin.site.urls),
]
```

（7）回到 Windows 命令提示符窗口，执行下面的命令，启动开发服务器。

```
D:\>cd helloworld
D:\HelloWorld>python manage.py runserver
```

（8）在浏览器地址栏中输入 127.0.0.1:8000 访问项目默认页面，页面效果如图 1-31 所示。

本例在 Django 项目的同名子目录中创建 views.py 文件，并在其中完成视图定义。1.3.3 节是在项目的应用中完成视图的定义。这两者类似，体现了 Django 实现网页的基本步骤都是先定义视图，然后配置 URL 访问视图。

本章小结

本章首先简单介绍了 Python Web 开发的基本概念，包括 Web 应用基本架构、Web 框架简介、Python Web 框架简介以及 Django 简介等。然后，重点讲解了配置 Web 开发环境以及创建 Django 项目的步骤。

习 题

（1）请列举你知道的 5 种 Python Web 框架。

（2）请说明 Django 的 MTV 框架的基本特点。

（3）请列举使用 Django 进行 Python Web 开发需要的工具。

（4）请创建一个 Django 项目，在项目中创建一个应用，在应用中定义视图函数在 Web 页面中输出字符串"Django，你好！"。

（5）在"D:\djangoenvs"目录中创建一个 Python 虚拟开发环境，名称为"djenv"。请列出创建、激活和关闭虚拟开发环境的命令。

第 2 章
Django 配置

项目配置通常包含了整个 Web 站点的相关配置信息。Django 项目的配置由 settings.py 文件实现，主要包括应用列表、中间件列表、模板配置、数据库配置等。

> **本章要点**
> 了解 Django 项目配置文件的基本设置
> 掌握在 Web 服务器中部署 Django 项目的方法

2.1 Django 项目配置文件

Django 项目的配置文件为 settings.py，在执行 django-admin startproject 命令创建项目时会自动生成该文件。

V2-1 Django 项目配置文件

2.1.1 基本配置

django-admin startproject 命令在生成 settings.py 文件时，会根据项目实际情况设置必要选项。以第 1 章中创建的 myDjango 项目为例，settings.py 文件的主要代码如下。

```
"""
Django settings for myDjango project.

Generated by 'django-admin startproject' using Django 2.1.7.

For more information on this file, see
https://docs.djangoproject.com/en/2.1/topics/settings/

For the full list of settings and their values, see
https://docs.djangoproject.com/en/2.1/ref/settings/
"""

import os

# Build paths inside the project like this: os.path.join(BASE_DIR, ...)
BASE_DIR = os.path.dirname(os.path.dirname(os.path.abspath(__file__)))
```

```python
# Quick-start development settings - unsuitable for production
# See https://docs.djangoproject.com/en/2.1/howto/deployment/checklist/

# SECURITY WARNING: keep the secret key used in production secret!
SECRET_KEY = 'yc@65^u*60atr$u6u9l*8t#$=qtn$)xac+&xogsfd7hmnr!q_)'

# SECURITY WARNING: don't run with debug turned on in production!
DEBUG = True

ALLOWED_HOSTS = []

# Application definition

INSTALLED_APPS = [
    'django.contrib.admin',
    'django.contrib.auth',
    'django.contrib.contenttypes',
    'django.contrib.sessions',
    'django.contrib.messages',
    'django.contrib.staticfiles',
]

MIDDLEWARE = [
    ……
]

ROOT_URLCONF = 'myDjango.urls'

TEMPLATES = [
    ……
]

WSGI_APPLICATION = 'myDjango.wsgi.application'


# Database
# https://docs.djangoproject.com/en/2.1/ref/settings/#databases

DATABASES = {
    ……
}


# Password validation
# https://docs.djangoproject.com/en/2.1/ref/settings/#auth-password-validators

AUTH_PASSWORD_VALIDATORS = [
    ……
]

# Internationalization
```

```
# https://docs.djangoproject.com/en/2.1/topics/i18n/

LANGUAGE_CODE = 'en-us'

TIME_ZONE = 'UTC'

USE_I18N = True

USE_L10N = True

USE_TZ = True

# Static files (CSS, JavaScript, Images)
# https://docs.djangoproject.com/en/2.1/howto/static-files/
STATIC_URL = '/static/'
```

settings.py 文件中主要的配置变量说明如下。

1. BASE_DIR
BASE_DIR 变量设置项目在系统中的实际路径。

2. SECRET_KEY
SECRET_KEY 变量值是自动生成的一个随机数，用于重要数据的加密处理，如用户密码、CSRF 机制、Session 会话等数据的加密。在部署项目时，应妥善保管 SECRET_KEY，避免泄密。

3. DEBUG 和 ALLOWED_HOSTS
DEBUG 变量值默认为 True，表示项目处于调试模式，即开发阶段。项目完成在进行部署时，应将其设置为 False。

ALLOWED_HOSTS 变量为可访问项目 Web 站点的域名，默认为空。当 DEBUG 变量值为 True，且 ALLOWED_HOSTS 变量值为空时，只允许用 localhost 或 127.0.0.1 访问项目 Web 站点。在部署项目时，DEBUG 变量值为 False，此时必须设置 ALLOWED_HOSTS，否则项目将无法启动。例如，可设置 ALLOWED_HOSTS=['*']，允许所有域名访问。

4. INSTALLED_APPS
INSTALLED_APPS 变量用于注册在项目中使用的应用，默认包含了 Django 内置的部分应用。

- django.contrib.admin：用于网站后台数据管理。
- django.contrib.auth：用于用户认证。
- django.contrib.contenttype：用于管理项目中的应用和模型信息。
- django.contrib.sessions：用于会话（Session）控制。
- django.contrib.messages：用于消息框架。
- django.contrib.staticfiles：用于静态文件管理。

5. MIDDLEWARE
MIDDLEWARE 变量用于注册在项目中使用的中间件。

6. ROOT_URLCONF

ROOT_URLCONF 变量设置项目的根 URL 配置模块，示例代码如下。

```
ROOT_URLCONF= 'myDjango.urls'
```

表示使用项目中 myDjango 文件夹下的 urls.py 文件作为项目的根 URL 配置模块。

7. TEMPLATES

TEMPLATES 变量配置项目使用的模板。本书将在第 6 章详细讲解模板的相关内容。

8. WSGI_APPLICATION

WSGI_APPLICATION 变量设置项目运行在 WSGI 兼容的 Web 服务器的接口程序。

9. DATABASES

DATABASES 变量进行数据库的相关配置。Django 项目默认使用 SQLite3 数据库。项目启动后，Django 会在项目根目录中创建一个名为 db.sqlite3 的数据库。

10. AUTH_PASSWORD_VALIDATORS

AUTH_PASSWORD_VALIDATORS 变量设置授权的密码校验器。

11. LANGUAGE_CODE

LANGUAGE_CODE 变量设置项目语言。

12. TIME_ZONE 和 USE_TZ

TIME_ZONE 变量设置项目时区。USE_TZ 变量值设置为 True 时，时区设置才有效。

13. USE_I18N

USE_I18N 变量值默认为 True，表示支持国际化。如果不需要该功能，应将其设置为 False。

14. USE_L10N

USE_L10N 变量值默认为 True，表示支持格式本地化。

2.1.2 模板配置

在 settings.py 中，项目默认的模板配置如下。

```
TEMPLATES = [
    {
        'BACKEND': 'django.template.backends.django.DjangoTemplates',
        'DIRS': [],
        'APP_DIRS': True,
        'OPTIONS': {
            'context_processors': [
                'django.template.context_processors.debug',
                'django.template.context_processors.request',
                'django.contrib.auth.context_processors.auth',
                'django.contrib.messages.context_processors.messages',
            ],
        },
    },
]
```

各个选项含义如下。

- BACKEND：设置处理模板的模板引擎。
- DIRS：配置模板的搜索路径。在项目中使用自定义的模板时，需要在此配置模板的搜索路径。例如，'DIRS': [os.path.join(BASE_DIR,'hello/templates')]。
- APP_DIRS：默认值为 True，表示 Django 默认在项目应用的 template 路径中搜索模板。
- OPTIONS：设置可选项。其中的 context_processors 用于设置模板使用的上下文处理器。

2.1.3 数据库配置

在 settings.py 中，项目默认的数据库配置如下。

```
DATABASES = {
    'default': {
        'ENGINE': 'django.db.backends.sqlite3',
        'NAME': os.path.join(BASE_DIR, 'db.sqlite3'),
    }
}
```

其中，"default"表示项目使用的默认数据库。"ENGINE"选项定义数据库引擎（也称数据库后端），"django.db.backends.sqlite3"表示使用 SQLite3 数据库。"NAME"选项指定 SQLite3 数据库的磁盘文件名。

本书将在第 4 章中详细讲解 Django 数据库的相关操作。

2.1.4 静态资源配置

Django 将 CSS 文件、JavaScript 脚本、视频和图片等文件视为静态资源。在 settings.py 中，项目默认的静态资源 URL 访问路径配置如下。

```
STATIC_URL = '/static/'
```

国产大飞机 C919

其中的"static"作为访问静态资源文件的 URL 路径，例如，"http://127.0.0.1:8000/static"。与之对应，应该在 Django 项目的各个应用中创建一个与 STATIC_URL 同名的文件夹来存放静态资源文件夹。

settings.py 的 INSTALLED_APPS 配置默认包含了"django.contrib.staticfiles"，它将用于管理项目中的静态文件。

下面的实例创建一个 Django 项目，项目名称为 usestatic，在项目中使用静态 HTML 播放国产大飞机 C919 的央视新闻视频。C919 的研制成功，体现了"以国家战略需求为导向，集聚力量进行原创性引领性科技攻关，坚决打赢关键核心技术攻坚战"，对 C919 感兴趣的读者可扫二维码了解详细信息。

具体操作步骤如下。

（1）在 Windows 命令提示符窗口中执行下面的命令，创建项目和应用。

```
D:\>django-admin startproject usestatic
D:\>cd usestatic
D:\usestatic>python manage.py startapp statics
```

（2）在 Windows 资源管理器中打开 D:\usestatic\statics 文件夹，在其中创建一个名称为

static 的文件夹。

（3）在 static 文件夹中创建一个 HTML 文档，命名为 playvideo.htm，其代码如下。

```html
<html>
    <head><meta charset="utf-8" /></head>
<body>
        <h3>C919 央视新闻</h3>
        <video src="c919.mp4" width="640" height="360" controls></video>
</body>
</html>
```

（4）将视频 c919.mp4 复制到 static 文件夹中。
（5）用 IDLE 打开项目配置文件 D:\usestatic\usestatic\settings.py，在 INSTALLED_APPS 配置中添加 statics 应用，代码如下。

```
INSTALLED_APPS = [
    ......
    'django.contrib.staticfiles',
    'statics',
]
```

（6）在 Windows 命令提示符窗口中执行下面的命令，启动开发服务器。

```
D:\usestatic>python manage.py runserver
```

（7）在浏览器中访问 http://127.0.0.1:8000/static/ playvideo.htm 查看视频，如图 2-1 所示。

图 2-1 在浏览器中播放视频

有时，需要将静态文件放在项目根目录的子文件夹中，以便所有应用共享。例如，在 usestatic 项目的根目录中创建一个 public_statics 文件夹，然后在其中放一个图片 pic1.jpg。此时，要访问 pic1.jpg，需要在配置文件中设置 STATICFILES_DIRS，代码如下。

```
STATICFILES_DIRS=[os.path.join(BASE_DIR,'public_statics'),]
```

STATICFILES_DIRS 设置静态资源文件的搜索路径。重新启动开发服务器，在浏览器中访问 http://127.0.0.1:8000/static/pic1.jpg 查看图片，如图 2-2 所示。

图 2-2　查看公共文件夹中的图片

> **提示**　在本节两处访问图片的 URL 中，图片的 Web 路径均是 http://127.0.0.1:8000/static。这里的 static 是配置文件中 STATIC_URL 选项的值。在项目的应用中，静态资源文件夹名称应与 STATIC_URL 选项保持相同。在 STATICFILES_DIRS 选项中设置的静态文件搜索路径，其路径名不需要与 STATIC_URL 选项保持相同。

2.2　在 Web 服务器中部署项目

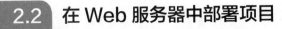

Web 服务器是驻留在网络计算机上的应用程序，其主要功能是提供 WWW 服务，也可提供文件下载服务。目前，Apache、Nginx 和 IIS 是使用最多的 3 种 Web 服务器。

2.2.1　常用 Web 服务器

在 UNIX 和 Linux 平台中使用最广泛的 Web 服务器是 Apache 和 Nginx，Windows 平台中使用最多的是 IIS。常用的 Web 服务器如下。

1. Apache HTTP Server

Apache HTTP Server 是 Apache 软件基金会推出的开源 Web 服务器，它是目前应用最广泛的 Web 服务器。Apache HTTP Server 的特点是简单、速度快、性能稳定、安全可靠，可通过简单的 API 进行扩展，并且集成了 Perl、Python 等语言解释器。

Apache HTTP Server 支持 UNIX 类和 Windows 操作系统，以及 Novell NetWare 和 EBCDIC 平台。

2. Nginx

Nginx 是一款高性能的 HTTP 和反向代理服务器，也可作为电子邮件服务器。Nginx 在高连接并发的情况下，能够支持高达 5 万个并发连接数的响应，而内存、CPU 等系统资源消耗却非常低，运行非常稳定。

Nginx 用 C 语言实现，已经被移植到许多体系结构和操作系统，包括 Linux、FreeBSD、Solaris、Mac OS X、AIX 以及 Microsoft Windows。

3. IIS

互联网信息服务（Internet Information Service，IIS）是微软推出的一款运行于 Windows 系统

的服务器。它包括 Web 服务器、FTP 服务器、NNTP 服务器和 SMTP 服务器，分别用于网页浏览、文件传输、新闻服务和邮件发送等方面。IIS 提供 ISAPI 作为扩展 Web 服务器功能的编程接口。

2.2.2 WSGI 简介

WSGI（Python Web Server Gateway Interface）称为 Python Web 服务器网关接口。WSGI 既不是服务器，也不是用于开发的 API，它只是定义了一种接口。WSGI 规范 PEP 333 于 2003 年发布，并于 2010 年更新为 PEP 3333。PEP 333 主要支持 Python 2，PEP 3333 主要支持 Python 3。

引用 Python 提供的 WSGI 参考服务器（wsgiref.simple_server）模块，可快速实现 Web 服务器，代码如下。

```
# server.py 自定义 Web 服务器
from wsgiref.simple_server import make_server
def do_response(environ,start_response):              #定义请求处理函数，提供两个必需变量
    start_response('200 OK',[('Content-Type','text/html')])   #调用 start_response 发送头部
    body = 'Hello WSGI!'
    return [body.encode('utf-8')]                     #返回 byte 格式的响应内容

# 创建一个服务器，IP 地址为空，端口是 8000，处理函数是 do_response
httpd = make_server('', 8000, do_response)
print("Serving HTTP on port 8000...")
httpd.serve_forever()      # 开始监听 HTTP 请求
```

响应处理函数 do_response() 必须包含两个参数 environ 和 start_response。服务器在调用响应处理函数时，向其传入参数。第一个参数 environ 包含环境变量，如 HTTP_HOST、HTTP_USER_AGENT、SERVER_PROTOCOL 等。第二个参数 start_response 是响应头输出函数，它必须在响应开始时执行。

在 Windows 命令提示符窗口中进入 server.py 所在目录，执行 Python server.py 命令启动服务器。在浏览器中访问 http://localhost:8000/，server.py 会输出响应的监听信息，图 2-3 显示了命令窗口和浏览器中的输出结果。

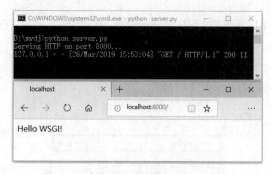

图 2-3 命令窗口和浏览器中的输出结果

还可进一步修改响应处理函数，使其输出 URL 中提供的数据，修改后的代码如下。

```
def do_response(environ,start_response):  # 提供两个必需变量
    start_response('200 OK',[('Content-Type','text/html')]) # 调用 start_response 发送头部
```

```
        body = 'Hello WSGI!'
        body += '<br>Welcome ' + environ['PATH_INFO'][1:]
        return [body.encode('utf-8')] # 返回 byte 格式的响应内容
```

其中第 4 行加粗代码用于向浏览器返回 URL 中路径信息。修改代码后，运行 server.py。在浏览器中访问 http://localhost:8000/Django，浏览器中的输出结果如图 2-4 所示。可以看到，URL 中域名 http://localhost:8000 之后的数据被输出到了响应信息中。

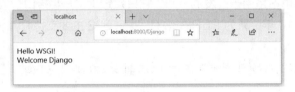

图 2-4　在浏览器中输出 URL 中的数据

wsgiref.simple_server 提供的参考服务器通常不适合部署到生产环境，但可基于它来实现自定义的兼容 WSGI 的 Web 服务器。

2.2.3　在 IIS 中部署 Django 项目

V2-2 在 IIS 中部署 Django 项目

本小节在 IIS 中部署 1.3.1 节和 1.3.3 节中完成的 myDjango 项目，具体操作步骤如下。

（1）确保项目能够正常运行。

（2）在 Windows 命令提示符窗口中执行下面的命令，安装 wfastcgi 模块。

```
D:\myDjango>pip install wfastcgi
Collecting wfastcgi
  Using……
Installing collected packages: wfastcgi
  Running setup.py install for wfastcgi ... done
Successfully installed wfastcgi-3.0.0
```

（3）将 Python 安装目录中的 Lib\site-packages\wfastcg.py 文件复制到项目根目录"d:\mydjango"中。

（4）按【Windows+I】组合键打开 Windows 设置窗口，在"查找设置"搜索框中输入"Windows 功能"，如图 2-5 所示。

图 2-5　Windows 设置窗口

(5)单击搜索结果中的"启用或关闭 Windows 功能"选项,打开"Windows 功能"窗口,如图 2-6 所示。

(6)在"Windows 功能"窗口中,选中 Internet Information Services 中的"Web 管理工具\IIS 管理脚本和工具"、"Web 管理工具\IIS 管理控制台"、"万维网服务\常见 HTTP 功能\静态内容"和"万维网服务\应用程序开发功能\CGI"4 个复选项。单击"确定"按钮,安装所选功能。

(7)将项目文件夹"d:\mydjango"复制到 IIS 的默认发布文件夹"C:\inetpub\wwwroot\"中。(因 Web 文件权限问题,最好在 IIS 默认发布文件夹中部署 Django 项目)。

(8)在 Windows 开始菜单中选择"Windows 管理工具\Internet Information Services(IIS)管理器"选项,打开 IIS 管理器。

(9)在 IIS 管理器中,鼠标右键单击左侧连接列表中的根节点,在弹出的快捷菜单中选择"添加网站"命令,打开"添加网站"对话框,如图 2-7 所示。

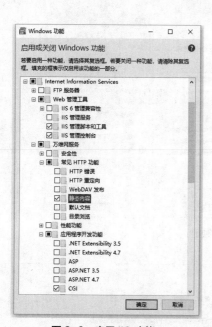

图 2-6 启用 IIS 功能

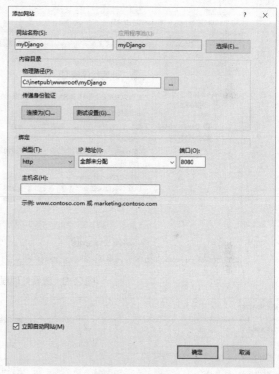

图 2-7 添加网站

(10)在"添加网站"对话框的"网站名称"框中输入 mydjango,在"物理路径"框中输入 myDjango 项目的磁盘路径,如"C:\inetpub\wwwroot\myDjango",将"端口"修改为 8080(80 端口为 IIS 默认站点,所以需要使用一个不同的端口)。最后,单击"确定"按钮完成网站添加。

(11)在 IIS 管理工具窗口左侧的连接列表中展开目录,选中新建的 myDjango 站点,显示 myDjango 主页,如图 2-8 所示。

(12)双击中间窗格中的"处理程序映射"选项,显示处理程序映射视图,如图 2-9 所示。

(13)单击右侧操作列表中的"添加模块映射"选项,打开"添加模块映射"对话框,如图 2-10 所示。

图 2-8　查看新建站点

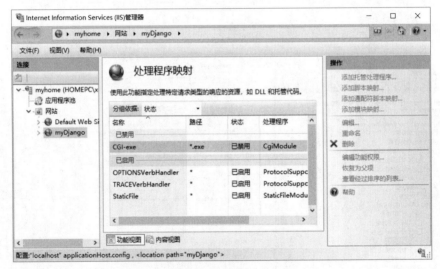

图 2-9　查看处理程序映射

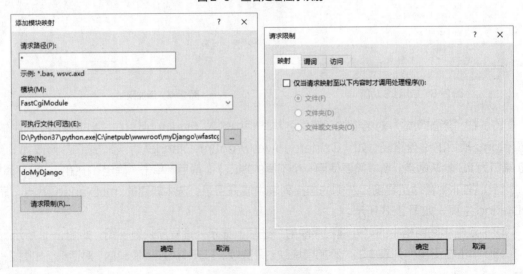

图 2-10　添加模块映射

（14）在请求路径中输入"*"，在"模块"列表中选中"FastCgiModule"，在"可执行文件"框中输入或选择 Python 和 wfastcgi.py 完整路径及文件名，如"D:\Python37\python.exe|C:\inetpub\wwwroot\myDjango\wfastcgi.py"。在"名称"框中输入任意名称，如"doMyDjango"。单击"请求限制"按钮，打开"请求限制"对话框，取消"仅当请求映射至以下内容时才调用处理程序"复选项。最后，单击"确定"按钮完成设置。

（15）在 IIS 管理工具窗口左侧连接列表中单击根节点，在窗口中显示根节点管理选项，如图2-11 所示。因为添加了"FastCgiModule"模块，所以管理选项中多了"FastCGI 设置"选项。

图 2-11　根节点管理选项

（16）双击"FastCGI 设置"选项，显示 FastCGI 设置，如图 2-12 所示。

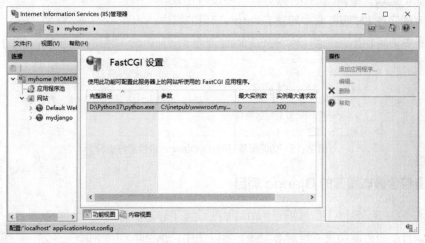

图 2-12　FastCGI 设置

（17）图中目前只显示了 python.exe 的设置，双击设置，打开"编辑 FastCGI 应用程序"对话框，如图 2-13 所示。

（18）在对话框中单击选中"环境变量"，然后单击右侧的"…"按钮，打开 Environment Variables 集合编辑器，如图 2-14 所示。

图 2-13　编辑 FastCGI 应用程序

图 2-14　添加环境变量

（19）添加下面的 3 个环境变量。设置完成后，单击"确定"按钮关闭对话框。
- WSGI_HANDLER：django.core.wsgi.get_wsgi_application()。
- PYTHONPATH：C:\inetpub\wwwroot\myDjango。
- DJANGO_SETTINGS_MODULE：myDjango.settings。

（20）完成上述设置后，在 IIS 管理工具窗口左侧连接列表中单击根节点，然后在右侧窗格中单击"重新启动"选项，重新启动 IIS 服务器，使设置生效。

至此，完成了在 IIS 服务器中部署 Django 项目的操作。

在浏览器中访问 http://localhost:8080/first，查看 myDjango 项目的运行情况，如图 2-15 所示。

图 2-15　访问部署后的 myDjango 项目运行情况

2.2.4　部署包含静态资源的 Django 项目

settings.py 中的"STATIC_URL = '/static/'"设置了静态资源的 URL 路径。在开发阶段，开发服务器负责管理静态资源，所以使用"localhost/static/"作为静态资源访问路径。项目部署到生成服务器时，则由生产服务器负责管理静态资源，此时需要在 settings.py 中添加"STATIC_ROOT"设置，用该目录收集项目中的静态资源。

下面的实例修改 2.2.3 节中发布到 IIS 中的 myDjango 项目，在访问 http://localhost:8080/first 时，在页面中显示京剧脸谱如图 2-16 所示。京剧是

V2-3 部署包含静态资源的 Django 项目

京剧脸谱

中华优秀传统文化之一，京剧脸谱则是京剧的一大特色，感兴趣的读者可扫二维码了解京剧脸谱的更多内容。

具体操作步骤如下。

（1）在 Windows 资源管理器中打开"C:\inetpub\wwwroot\myDjango\first"文件夹。在其中创建一个新文件夹，将其命名为 static。

（2）将图片文件 pic1.png 复制到新建的 static 文件夹中。

图 2-16　修改后的 first 应用页面

（3）鼠标右键单击"\first\views.py"文件，在快捷菜单中选择"Edit with IDLE\Edit with IDLE 3.7"命令，打开视图文件，修改 index 函数，代码如下。

```
from django.http import HttpResponse
def index(request):
    html='这是我的第一个 Django 网页! <br/><img src="/static/pic1.png" alt="no picture" width="220" height="220">'
    return HttpResponse(html)
```

（4）在 Windows 命令提示符窗口中进入"C:\inetpub\wwwroot\myDjango"文件夹，执行下面的命令启动开发服务器。在浏览器中访问 http://127.0.0.1:8000/first，显示页面如图 2-17 所示，说明项目能够正常运行。

```
C:\inetpub\wwwroot\myDjango>python manage.py runserver
```

（5）打开 IIS 管理器，重新启动 IIS 服务器。在浏览器中访问 http://localhost:8080/first，显示页面如图 2-18 所示，说明项目能够运行，但图片无法正常显示。这是因为 IIS 浏览器按照图片的 URL"http://localhost:8080/static/pic1.png"找不到该图片。

图 2-17　在开发服务器中测试项目

图 2-18　通过 IIS 服务器不能正常显示图片

（6）用 IDLE 打开"myDjango\myDjango\settings.py 文件，增加下面的设置，将静态资源收集目录设置为项目根目录下的"rootstatics"文件夹。

```
STATIC_ROOT = os.path.join(BASE_DIR,'rootstatics')
```

（7）在命令提示符窗口切换到项目目录，执行下面的命令，将项目中的所有静态资源复制到 rootstatics 目录中。

```
C:\inetpub\wwwroot\myDjango>python manage.py collectstatic
```

（8）在 IIS 管理器左侧的连接列表中用鼠标右键单击 myDjango，在快捷菜单中选择"添加虚拟目录"命令，打开添加虚拟目录对话框，如图 2-19 所示。

图 2-19　查看收集的项目静态资源

（9）将别名设置为 static，物理路径设置为"C:\inetpub\wwwroot\myDjango\rootstatics"，单击"确定"按钮完成虚拟目录创建。

（10）虚拟目录 static 默认继承了网站的处理程序映射设置 doMyDjango，即所有请求均需通过 wfastcgi.py 来处理，但静态资源不需要这种处理，应用这种处理反而会出错。在 IIS 管理器显示的 static 主页中，双击"处理程序映射"选项，打开处理程序映射页面。在处理程序映射列表中，鼠标右键单击 doMyDjango，在快捷菜单中选择"删除"命令将其删除。

（11）在 IIS 管理器中重新启动 IIS 服务器。在浏览器中访问 http://localhost:8080/first/，显示页面如图 2-16 所示，说明项目正常运行。

2.3　实践：在 IIS 中配置 HelloWorld 项目

综合应用本章所学知识，将第 1 章中创建的"HelloWorld"项目部署到 IIS 服务器中。"HelloWorld"项目位于系统 D 盘根目录下，在原位置部署项目，具体操作步骤如下。

V2-4 在 IIS 中配置 HelloWorld 项目

（1）将 Python 安装目录中的 Lib\site-packages\wfastcg.py 复制到"D:\HelloWorld"文件夹中。

（2）在 Windows 开始菜单中选择"Windows 管理工具\Internet Information Services(IIS) 管理器"选项，打开 IIS 管理工具。

（3）鼠标右键单击左侧连接列表中的根节点，在菜单中选择"添加网站"命令，打开"添加网站"对话框，如图 2-20 所示。

（4）在"添加网站"对话框的"网站名称"框中输入 helloworld，在"物理路径"框中输入"D:\HelloWorld"，将"端口"修改为 8090。单击"确定"按钮完成网站添加。

（5）在 IIS 管理工具窗口左侧的连接列表中展开目录，选中新建的 helloworld 站点。

（6）双击中间窗格中的"处理程序映射"选项，显示处理程序映射视图。

（7）单击右侧操作列表中的"添加模块映射"选项，打开"添加模块映射"对话框，如图 2-21 所示。

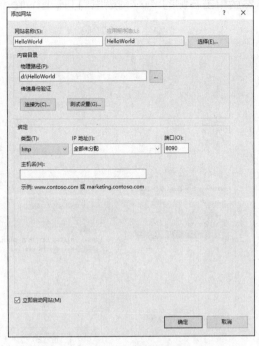

图 2-20　添加网站　　　　　　　　　　图 2-21　添加模块映射

（8）在请求路径中输入"*"，在"模块"下拉列表中选中"FastCgiModule"，在"可执行文件"框中输入或选择"D:\Python37\python.exe|d:\ HelloWorld \wfastcgi.py"。在"名称"框中输入任意名称，如"doHelloWorld"。单击"请求限制"按钮，打开"请求限制"对话框，取消"仅当请求映射至以下内容时才调用处理程序"复选项。单击"确定"按钮完成设置。

（9）在 IIS 管理工具窗口左侧连接列表中单击根节点，在窗口中显示根节点管理选项。

（10）双击"FastCGI 设置"选项，显示 FastCGI 设置，如图 2-22 所示。

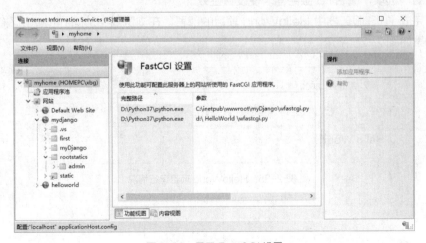

图 2-22　显示 FastCGI 设置

（11）根据 FastCGI 设置的参数，第 2 行的设置对应 HelloWorld 项目。双击第 2 行的设置，打开"编辑 FastCGI 应用程序"对话框，如图 2-23 所示。

（12）在对话框中单击选中"环境变量"，然后单击右侧的"…"按钮，打开 Environment Variables 集合编辑器，如图 2-24 所示。

图 2-23 编辑 FastCGI 应用程序

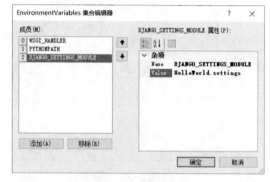

图 2-24 添加环境变量

（13）添加下面 3 个环境变量。设置完成后，单击"确定"按钮关闭对话框。
- WSGI_HANDLER：django.core.wsgi.get_wsgi_application()。
- PYTHONPATH：d:\ HelloWorld。
- DJANGO_SETTINGS_MODULE：HelloWorld.settings。

（14）完成上述设置后，在 IIS 管理工具窗口左侧连接列表中单击根节点，然后在右侧窗格中单击"重新启动"选项，重启 IIS 服务器，使设置生效。

至此，完成了 IIS 服务器中 HelloWorld 项目的部署。在浏览器中访问 http://127.0.0.1:8090，页面输出结果如图 2-25 所示。

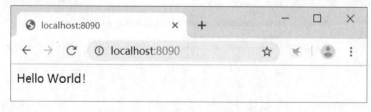

图 2-25 HelloWorld 项目运行情况

本章小结

本章首先简单介绍了 Django 项目配置文件 settings.py 中的常见选项，这些选项在创建项目时会设置默认值，在需要的时候可进行修改。

本章详细讲解了在 IIS 服务器中部署 Django 项目的方法。在 IIS 服务器中部署 Django 项目首先需要安装 wfastcgi 模块。在部署时将 wfastcgi.py 复制到项目所在文件夹，便于独立配置多个项目。当然，也可在 Python 安装目录中使用 wfastcgi.py，这样可使部署到 IIS 中的所有 Django 项目共享配置。

如果 Django 项目使用了静态资源，则需要正确设置项目配置文件中的 STATIC_URL 和 STATIC_ROOT 选项，并在部署项目之前，使用"Python manage.py collectstatic"命令将所有静态资源复制到 STATIC_ROOT 选项设置的目录中。

习 题

（1）Django 项目配置文件中的 DEBUG 与 ALLOWED_HOSTS 选项有何联系？

（2）Django 项目配置文件中的 STATIC_URL 与 STATIC_ROOT 选项有何区别？

（3）要在 IIS 服务器中部署 Django 项目，首先需要安装什么模块？

（4）使用了静态资源的项目与未使用静态资源的项目相比，在部署到 IIS 服务器时，需要额外执行哪些操作？

第 3 章
URL 分发

统一资源定位符（Uniform Resource Locator，URL）是互联网资源的网络地址，简称网址。互联网中的每个文件都有一个唯一的 URL。URL 是浏览器发送的客户请求的目标地址。Django 的 URL 分发功能将 URL 分配给视图函数。

本章要点	学会编写 URL 掌握 URL 参数的传递方法 掌握反向解析 URL 的方法 掌握 URL 命名空间的使用方法

3.1 URL 分发机制简介

V3-1 URL 分发机制简介

URL 的基本格式为"协议://域名或 IP 地址/路径/文件名"。域名或 IP 地址在 Web 服务器中分配给 Web 站点。路径是网络资源在 Web 服务器中的逻辑路径。文件名通常与网络资源的物理文件名一致。例如，http://jxjy.xhu.edu.cn/85/15/c2647a99605/page.htm。其中，http 是访问 WWW 服务的常用协议，"jxjy.xhu.edu.cn"是域名，"85/15/c2647a99605"是文件"page.htm"在 Web 服务器中的路径。

Django 提供了灵活的 URL 分发机制，允许用户使用任意格式的 URL"路径/文件名"部分。如果使用常规的 URL，从 URL 中可以分析出实际物理文件在系统中的路径和文件名，从而增加不安全因素。Django 的 URL 与实际物理文件无关，格式灵活。

Django 接收到请求的 URL 后，开始执行 URL 分发任务，按顺序执行下列操作。

（1）启用根 URL 配置模块。根 URL 配置模块由项目配置文件 settings.py 中的 ROOT_URLCONF 变量设置。例如，ROOT_URLCONF = 'HelloWorld.urls'。

（2）加载根 URL 配置模块，并查找变量 urlpatterns。urlpatterns 是一个 URL 模式列表，每个列表项是一个 django.urls.path()或 django.urls.re_path()实例，示例代码如下。

```
urlpatterns = [
    path('',views.hello,name='hello'),
    re_path(r'^\d{2,}$',useRe_View.NumberInUrl),
]
```

（3）按顺序遍历每个 URL 模式，在找到与请求的 URL 相匹配的第一个模式时停止。

（4）Django 调用匹配的 URL 模式所映射的视图函数，将函数返回值作为响应结果返回给用户。视图函数接收下列参数：

- 一个 HttpRequest 对象实例：它封装了客户端请求的相关信息。
- URL 参数：如果匹配的 URL 模式中嵌套了变量，则将 URL 路径中的匹配内容赋值给变量，将其作为参数传递给视图函数。
- kwargs 参数：向视图函数传递其他参数值。

（5）如果没有找到匹配的 URL 模式，或者此过程中的任何位置引发错误，Django 将调用错误处理视图。

默认情况下，Django 会为项目创建一个 urls.py 文件，将其作为 URL 配置模块，也称为根 URL 配置模块。Django 将 URL 配置称为 URLconf。通常情况下，项目的 URL 配置模块放在与项目同名的子文件夹中。例如，在 myDjango 项目中，"myDjango\myDjango\urls.py"为项目 URL 配置模块。项目应用也可以使用自己的 URL 配置模块。例如，"myDjango\first\urls.py"为项目应用 first 的 URL 配置模块。URL 配置模块的文件名按惯例使用 urls.py，也可以使用其他的文件名。

Django 在执行 URL 分发操作时，会首先加载根 URL 配置模块，不会直接访问应用的 URL 配置模块。Django 一般在根 URL 中，通过 URL 配置包含应用的 URL 配置模块。根 URL 配置模块是必需的，应用的 URL 配置模块则是可选的。

在执行"python manage.py startproject"命令创建项目时，Django 默认在根 URL 配置模块中添加"path('admin/', admin.site.urls)"。admin.site.urls 是 Django 提供的管理站点项目的 URL 配置模块。通过"admin"路径，来访问 Django 管理站点。本书将在 8.1 节中讲解使用 Django 管理站点的方法。

3.2　URL 配置

URL 配置指使用 URL 解析函数建立 URL 模式与视图函数之间的映射关系，也就是设置访问视图函数的 URL 规则。

3.2.1　URL 解析函数

URL 配置文件中的 urlpatterns 变量为 URL 解析函数的实例列表。Django 提供两个 URL 解析函数：django.urls.path()和 django.urls.re_path()。

另外，django.conf.urls.url()是 django.urls.re_path()的别名，并有可能在未来被弃用，应慎用。首先回顾一下 HelloWorld 项目中的 urls.py 文件代码。

V3-2 URL 解析函数

```
from django.contrib import admin
from django.urls import path
from . import views
urlpatterns = [
    path('',views.hello,name='hello'),
    path('admin/', admin.site.urls),
]
```

其中，"from django.contrib import admin"导入 Django 的默认管理站点 admin。"from django.urls import path"导入 URL 解析函数 path()。"from . import views"导入当前目录中的视图模块 views（对应 views.py 文件）。

Urlpatterns 变量包含了两个 URL 映射。

- path('',views.hello,name='hello')：第一个参数为空字符串，用于匹配只使用域名或 IP 地址的 URL，如"127.0.0.1:8000"。第二个参数"views.hello"设置了 URL 匹配时调用的视图函数。第三个参数"name='hello'"将 URL 模式的名称设置为"hello"。
- path('admin/', admin.site.urls)：第一个参数为"'admin/"，用于匹配"域名或 IP 地址/admin/"格式的 URL，如"127.0.0.1:8000/admin/"。

path()和 re_path()函数的原型如下。

```
path(route, view, kwargs=None, name=None)
re_path(route, view, kwargs=None, name=None)
```

访问 Django 站点的 URL 基本格式为"协议://域名或 IP 地址/路径"。参数 route 为 URL 模式，用于匹配请求的 URL 中的"路径"。参数 view 用于设置路径匹配时调用的视图函数。可选参数 kwargs 用于设置传递给视图函数的附加数据。可选参数 name 为 URL 模式命名。在 URL 反向解析时用 URL 模式的名称可获得访问视图函数的 URL。

path()和 re_path()函数的第一个参数 route 都是字符串，re_path()函数将 route 参数作为正则表达式使用。

3.2.2 使用正则表达式

正则表达式提供了一种灵活的字符串匹配方式。re_path()函数使用正则表达式定义 URL 模式。

表 3-1 列出了常用的正则表达式符号。

表 3-1 常用的正则表达式符号

符号	说明	示例	示例说明
|	匹配其中一个选项	ab|cd	匹配 ab 或 cd
^	匹配字符串起始部分	^dj	匹配任何以 dj 开始的字符串
$	匹配字符串末尾部分	url$	匹配任何以 url 结束的字符串
*	匹配零次或者多次出现的左端	[0-9]*	匹配以任意数字开始的字符串
+	匹配一次或者多次出现的左端	[0-9]+	匹配以一个或者多个数字字符串
?	匹配零次或者一次出现的左端	[0-9]?	匹配零个或者一个数字
{N}	匹配 N 次左端	[0-9]{5}	匹配 5 位数字字符串
{M,N}	匹配 M 次到 N 次左端	[0-9]{2,5}	匹配 2~5 位数字字符串
[]	匹配括号中的任意一个	[abcd]	匹配 a 或者 b 或者 c 或者 d
[-]	匹配指定范围中的一个字符	[a-f]	匹配 a 到 f 之间的任意一个字符
[^]	不匹配指定的任何一个字符	[^abc]	匹配不是 a 或 b 或 c 的任意字符

表 3-2 列出了部分常用的正则表达式。

表 3-2 常用的正则表达式

正则表达式	匹配说明
^[0-9]*$	数字
^\d{n}$	n 位的数字
^\d{n,}$	至少 n 位的数字
^\d{m,n}$	m～n 位的数字
^(0|[1-9][0-9]*)$	零和非零开头的数字
^([1-9][0-9]*)+(.[0-9]{1,2})?$	非零开头的最多带两位小数的数字
^(\-)?\d+(\.\d{2,5})?$	有 2～5 位小数的正数或负数
^(\-|\+)?\d+(\.\d+)?$	正数、负数、小数
^[0-9]+(.[0-9]{5})?$	有两位小数的正实数
^[0-9]+(.[0-9]{1,3})?$	有 1～3 位小数的正实数
^[1-9]\d*$ 或 ^\+?[1-9][0-9]*$	非零的正整数
^\-[1-9][]0-9"*$ 或 ^-[1-9]\d*$	非零的负整数
^[\u4e00-\u9fa5]{0,}$	汉字
^.{5,30}$	长度为 5～30 的所有字符
^[A-Za-z]+$	由大小写英文字母组成的字符串
^[A-Z]+$	由大写英文字母组成的字符串
^[a-z]+$	由小写英文字母组成的字符串
^[A-Za-z0-9]+$	由数字和大小写英文字母组成的字符串
^\w+([-+.]\w+)*@\w+([-.]\w+)*\.\w+([-.]\w+)*$	E-mail 地址
^\d{15}|\d{18}$	身份证号(15 位、18 位数字)

下面的实例创建一个项目 chapter3 和应用 useRe，在应用中定义视图函数，视图函数根据请求的 URL 不同输出相应的信息。

具体操作步骤如下。

（1）在 Windows 命令提示符窗口中，执行下面的命令创建项目 chapter3。

```
D:\>django-admin startproject chapter3
```

（2）在 Windows 资源管理器中，用鼠标右键单击 d:\chapter3 文件夹，在快捷菜单中选择"在 Visual Studio 中打开"命令，在 Visual Studio 中打开 chapter3 文件夹。

（3）在 Visual Studio 的解决方案资源管理器中，用鼠标右键单击"chapter3\chapter3"文件夹，在快捷菜单中选择"添加\新建文件"命令，在该文件夹中新建一个文件。输入 views.py 作为文件名，按【Enter】键确认，同时打开文件。

（4）在 views.py 文件的代码编辑窗口中，输入下面的代码定义两个视图函数。

```
#chapter3\chapter3\views.py
from django.http import HttpResponse
def CharInUrl(request):
    return HttpResponse("视图函数 CharInUrl：只包含了大小写字母的 URL")
def NumberInUrl(request):
    return HttpResponse("视图函数 NumberInUrl：只包含了数字的 URL")
```

（5）打开"chapter3\ chapter3\urls.py"文件修改其代码，配置访问视图函数的 URL，代码如下。

```
#chapter3\chapter3\urls.py
from django.urls import re_path
from . import views
urlpatterns = [
    re_path(r'^[A-Za-z]+$', views.CharInUrl),      #匹配大小写字母组成的字符串
    re_path(r'^\d{2,}$', views.NumberInUrl),       #匹配至少两位数字组成的数字字符串
]
```

（6）单击工具栏中的"全部保存"按钮，保存全部修改。

（7）在 Windows 命令提示符窗口中，执行下面的命令启动开发服务器。

```
d:\chapter3>python manage.py runserver
```

（8）在浏览器中访问 http://127.0.0.1:8000/123abc，结果如图 3-1 所示。由于在"chapter3.urls"中定义的 URL 模式中找不到"123abc"的匹配项，所以返回找不到页面的错误。

图 3-1 在 URL 中使用数字字母混合的字符串

（9）在浏览器中访问 http://127.0.0.1:8000/123，页面输出结果如图 3-2 所示。URL 中的"123"是一个数字字符串，与 urls.py 文件定义的第二个 URL 模式"^\d{2,}$"匹配，所以调用"views.NumberInUrl"函数。

图 3-2 在 URL 中使用数字字符串

（10）在浏览器中访问 http://127.0.0.1:8000/abc，页面输出结果如图 3-3 所示。URL 中的"abc"是一个字母字符串，与 urls.py 文件定义的第一个 URL 模式"^[A-Za-z]+$"匹配，所以调用"views. CharInUrl"函数。

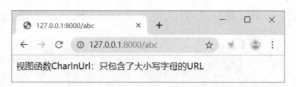

图 3-3　在 URL 中使用字母字符串

3.2.3　包含其他的 URL 配置

在 URL 配置中，可调用 django.urls.include()函数来包含其他文件中的 URL 配置或者包含 path()实例列表。

V3-4 包含其他的 URL 配置

1．包含其他文件中的 URL 配置

下面的实例为项目 chapter3 添加一个应用 testinclude，为应用创建一个 urls.py 文件以配置 URL 访问应用的视图函数，并在项目 chapter3 的 URL 配置中包含应用的 URL 配置。

具体操作步骤如下。

（1）在 Windows 命令提示符窗口中，执行下面的命令为项目 chapter3 添加应用。

```
D:\chapter3>python manage.py startapp testinclude
```

（2）在 Visual Studio 的解决方案资源管理器中，双击"chapter3\testinclude\views.py"打开文件。在文件中定义视图函数，代码如下。

```python
from django.http import HttpResponse
def useinclude(request):
    return HttpResponse('这是应用 testinclude 中的视图函数 useinclude 的响应')
```

（3）在 Visual Studio 的解决方案资源管理器中，单击选中"chapter3\testinclude\views.py"文件，按【Ctrl+C】组合键复制文件，再按【Ctrl+V】组合键粘贴文件，新文件的文件名默认为 views (2).py。鼠标右键单击 views (2).py 文件，在快捷菜单中选择"重命名"命令，将文件名修改为 urls.py。双击 urls.py 将其打开，在其中配置访问视图 useinclude 的 URL 模式，代码如下。

```python
#chapter3\testinclude\urls.py
from django.urls import path
from . import views
urlpatterns = [
    path('sub/',views.useinclude),
]
```

（4）在 Visual Studio 的解决方案资源管理器中，双击"chapter3\chapter3\urls.py"打开文件。在文件中添加 URL 配置，包含应用 testinclude 的 URL 配置，代码如下。

```python
#chapter3\chapter3\urls.py
from django.urls import path,include
……
```

```
urlpatterns = [
    ……
    path('root/', include('testinclude.urls')),  #包含应用 testinclude 的 URL 配置
]
```

（5）保存所有修改后，在浏览器中访问 http://127.0.0.1:8080/root/sub/，结果如图 3-4 所示。

图 3-4 使用包含的 URL 访问视图

本例中，path('root/', include('testinclude.urls'))包含了 testinclude 应用的 urls.py 中的 URL 配置。Django 在解析 URL 遇到 include()函数时，会把 URL 路径中匹配的内容去掉，再将剩余部分发送给应用文件包含的 URL 配置。在访问"http://127.0.0.1:8080/root/sub/"时，路径为"root/sub/"。首先在项目的根 URL 配置中匹配"root/"，再将路径中剩余"sub/"发送给 testinclude 应用的 urls.py，路径"sub/"与 URL 模式"sub/"匹配，调用应用视图文件中的 useinclude ()函数，返回响应结果。

2. 包含 path()实例列表

在前面的例子中，path('root/', include('testinclude.urls'))包含了 testinclude 应用的 urls.py 中的 URL 配置。

可以在项目的 URL 配置文件中，定义 path()实例列表来包含 testinclude 应用的 urls.py 中的 URL 配置。例如，可将项目的 URL 配置文件修改为如下代码。

```
#chapter3\chapter3\urls.py
……
from testinclude import views as subViews
sub=[path('sub2/',subViews.useinclude),]
urlpatterns = [
    ……
    path('root2/', include(sub)),  #包含应用 testinclude 的 URL 配置
]
```

也可直接在 include()参数中提供 path()实例列表，示例代码如下。

```
path('root2/', include([path('sub2/',subViews.useinclude),]))  #包含应用 testinclude 的 URL 配置
```

在浏览器中访问 http://127.0.0.1:8000/root2/sub2/，结果如图 3-5 所示。

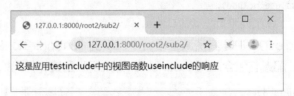

图 3-5 包含 path()实例列表实现访问视图函数

3.3 URL 参数传递

Django 在执行 URL 解析时，可将 URL 路径的一部分解析为数据，将其作为参数传递给视图函数。

3.3.1 获取 URL 中的数据

使用 path()函数解析 URL 时，可在 URL 模式中使用"<变量名>"来捕获 URL 路径中的数据，示例代码如下。

```
path('test/<urlData>/', views.getData)
```

Django 在解析 URL 时，会将路径"/test/XXX/"中的"XXX"作为值传递给变量 urlData。同时，应为 getData()函数定义一个名为 urlData 的参数。

下面的实例在项目视图文件"chapter3\chapter3\views.py"中添加一个视图函数，将从 URL 中获取的数据输出到响应页面。

具体操作步骤如下。

（1）在 Visual Studio 的解决方案资源管理器中，双击"chapter3\ chapter3\views.py"打开文件，添加如下的视图函数。

```
def getData(request,urlData):
    return HttpResponse("从 URL 获取的数据："+urlData)
```

（2）修改"chapter3\chapter3\urls.py"文件，添加访问视图函数 getData 的 URL 配置，代码如下。

```
#chapter3\chapter3\urls.py
……
from . import views
urlpatterns = [
    ……
    path('test/<urlData>/', views.getData)
]
```

（3）保存全部修改后，在浏览器中访问 http://127.0.0.1:8000/test/123abc/，结果如图 3-6 所示。

本例中的 URL 路径"test/123abc/"与 URL 模式"'test/<urlData>/"匹配，"123abc"作为数据传递给视图函数的参数 urlData。

图 3-6 获取 URL 中的数据输出到页面

可以同时从 URL 中获取多个数据。例如，在"chapter3\chapter3\views.py"中添加下面的视图函数。

```
def getData2(request,Data1,Data2):
    return HttpResponse("从URL获取的数据: %s,%s"%(Data1,Data2))
```

在项目的 URL 配置文件 "chapter3\chapter3\urls.py" 中添加 URL 映射，代码如下。

```
path('test/<Data1>/<Data2>/', views.getData2),
```

在浏览器中访问 http://127.0.0.1:8000/test/123/abc，页面中的输出结果如图 3-7 所示。

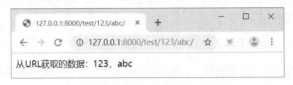

图 3-7　获取 URL 中的多个数据

3.3.2　路径转换器

V3-6 使用路径转换器

默认情况下，Django 将 URL 路径中获取的数据解析为字符串。可以使用下面的路径转换器来完成特定类型的转换。

- str：匹配除了路径分隔符（/）之外的非空字符串。在未指定转换器时，默认使用 str。获取的数据为字符串。
- int：匹配 0 及正整数。获取的数据为 int 类型。
- slug：匹配字母、数字以及横杠、下划线组成的字符串。获取的数据为字符串。
- uuid：匹配格式化的 UUID，如 075194d3-6885-417e-a8a8-6c931e272f00。获取的数据为 UUID 实例。
- path：匹配任何非空字符串，包含了路径分隔符（/）。获取的数据为字符串。

下面的例子在项目视图文件 "chapter3\chapter3\views.py" 中添加视图函数，使用各种路径转换器。

具体操作步骤如下。

（1）修改 "chapter3\chapter3\views.py"，添加下面的代码定义视图函数。

```
from html import escape    #用于转换数据类型名称中的小于和大于符号，以便在页面中显示
def getData1(request,data):
    s="使用 str 转换器，数据为: %s，类型为: %s" % (data,type(data))
    return HttpResponse(escape(s))
def getData2(request,data):
    s="使用 int 转换器，数据为: %s，类型为: %s" % (data,type(data))
    return HttpResponse(escape(s))
def getData3(request,data):
    s="使用 slug 转换器，数据为: %s，类型为: %s" % (data,type(data))
    return HttpResponse(escape(s))
def getData4(request,data):
    s="使用 UUID 转换器，数据为: %s，类型为: %s" % (data,type(data))
    return HttpResponse(escape(s))
def getData5(request,data):
```

```
s="使用 path 转换器，数据为: %s，类型为: %s" % (data,type(data))
return HttpResponse(escape(s))
```

（2）在项目 URL 配置文件"chapter3\chapter3\urls.py"中添加 URL 映射，代码如下。

```
path('data1/<str:data>', views.getData1),
path('data2/<int:data>', views.getData2),
path('data3/<slug:data>', views.getData3),
path('data4/<uuid:data>', views.getData4),
path('data5/<path:data>', views.getData5),
```

在保存全部修改后，在浏览器中访问 http://127.0.0.1:8000/data1/123，页面输出结果如图 3-8 所示。

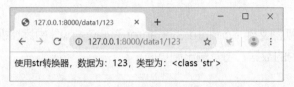

图 3-8　获取 URL 中的字符串

在浏览器中访问 http://127.0.0.1:8000/data2/123，页面输出结果如图 3-9 所示。

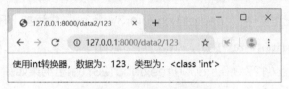

图 3-9　获取 URL 中的数字

在浏览器中访问 http://127.0.0.1:8000/data3/abc_123，页面输出结果如图 3-10 所示。

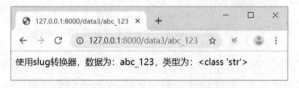

图 3-10　获取 URL 中的 slug 数据

在浏览器中访问 http://127.0.0.1:8000/data4/075194d3-6885-417e-a8a8-6c931e272f00，页面输出结果如图 3-11 所示。

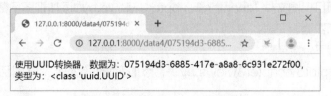

图 3-11　获取 URL 中的 UUID 数据

在浏览器中访问 http://127.0.0.1:8000/data5/abc/123/def，页面输出结果如图 3-12 所示。

图 3-12 获取 URL 中的路径

3.3.3 正则表达式中的变量

V3-7 在正则表达式中使用变量

在 path()函数中，可在 URL 模式中使用"<变量名>"来捕获 URL 路径中的数据。在使用正则表达式时，可嵌套"(?P<变量名>正则表达式)"来获取 URL 路径中的数据。

下面的例子在项目视图文件"chapter3\chapter3\views.py"中添加视图函数，在正则表达式中嵌套变量获取 URL 中的数据，将其输出到页面。

具体操作步骤如下。

（1）修改"chapter3\chapter3\views.py"，添加下面的代码定义视图函数。

```
def getReData(request,data):
    return HttpResponse("使用正则表达式中嵌套的参数 data: %s" % (data))
```

（2）在项目 URL 配置文件"chapter3\chapter3\urls.py"中添加 URL 映射，代码如下。

```
re_path(r'^reex/(?P<data>[a-z0-9]+)$', views.getReData),
```

在浏览器中访问 http://127.0.0.1:8000/reex/abc123，输出结果如图 3-13 所示。

图 3-13 用正则表达式中嵌套参数获取 URL 数据

本例中，URL 模式"r'^reex/(?P<data>[a-z0-9]+)$'"中嵌入了变量 data，URL 路径"reex/abc123"中的"abc123"被传递给变量 data。视图函数将变量 data 的值输出到响应页面。

3.3.4 传递附加数据

V3-8 为视图函数传递附加数据

可在 path()和 re_path()的第 3 个参数中为视图函数传递附加数据。

下面的例子在项目视图文件"chapter3\chapter3\views.py"添加视图函数，为视图函数传递附加数据。

具体操作步骤如下。

（1）修改"chapter3\chapter3\views.py"，添加下面的代码定义视图函数。

```
def getExtraData(request,data,ex):
    return HttpResponse("从 URL 获取的数据: %s, 附加数据: %s" % (data,ex))
```

（2）在项目 URL 配置文件"chapter3\chapter3\urls.py"中添加 URL 映射，代码如下。

```
path('extra/<data>', views.getExtraData,{"ex":"123"}),
```

在浏览器中访问 http://127.0.0.1:8000/extra/abc，页面中的输出结果如图 3-14 所示。

图 3-14　为视图函数传递附加数据

在本例中，path('extra/<data>', views.getExtraData,{"ex":"123"})的第 3 个参数"{"ex": "123"}"是传递给函数 getExtraData()的附加数据。注意，附加数据为字典对象格式，字典中的键名称与函数的参数名称相同，在本例中都为"ex"。

3.3.5　使用带默认值的参数

V3-9 使用带默认值的参数

可在视图函数中定义带有默认值的参数。要调用带默认值参数的视图函数，可在 URL 模式中定义带参数和不带参数的两种 URL 模式来映射视图函数。当访问不带参数的 URL 时，即可使用参数的默认值。

下面的例子在项目视图文件"chapter3\chapter3\views.py"添加视图函数，在视图函数中使用带默认值的参数。

具体操作步骤如下。

（1）修改"chapter3\chapter3\views.py"，添加下面的代码定义视图函数。

```
def useDefault(request,data=123):
    return HttpResponse("使用带默认值的参数 data=123，当前值: %s" % (data))
```

（2）在项目 URL 配置文件"chapter3\chapter3\urls.py"中添加 URL 映射，代码如下。

```
path('default/', views.useDefault),              #参数 data 使用默认值
path('default/<data>/', views.useDefault),       #参数 data 使用 URL 数据
```

在浏览器中访问 http://127.0.0.1:8000/default/，页面中的输出结果如图 3-15 所示。

图 3-15　使用默认参数

在浏览器中访问 http://127.0.0.1:8000/default/abcd，页面中的输出结果如图 3-16 所示。

图 3-16　使用来自 URL 的数据

3.4 反向解析 URL

反向解析 URL 指通过 URL 模式的名称或视图函数名称，来获得访问视图函数的 URL。django.urls.reverse()函数用于反向解析 URL。

3.4.1 反向解析不带参数的命名 URL 模式

当命名 URL 模式不带参数时，可用 reverse("URL 模式名称")语句来获得 URL。

V3-10 反向解析不带参数的命名 URL 模式

下面的例子在项目视图文件"chapter3\chapter3\views.py"添加视图函数，在页面中输出浏览器请求的 URL 路径。

具体操作步骤如下。

（1）修改"chapter3\chapter3\views.py"，添加下面的代码定义视图函数。

```
from django.urls import reverse
def getUrlNoPara(request):
    return HttpResponse("请求的 URL 路径为: %s" % reverse("urlNoPara"))
```

（2）在项目 URL 配置文件"chapter3\chapter3\urls.py"中添加 URL 映射，代码如下。

```
path('rev/abc', views.getUrlNoPara,name="urlNoPara"),
```

在浏览器中访问 http://127.0.0.1:8000/rev/abc，页面中的输出结果如图 3-17 所示。

图 3-17 反向解析不带参数的命名 URL 模式

3.4.2 反向解析带参数的命名 URL 模式

如果 URL 模式使用了参数，在使用 reverse()执行反向解析时，则可使用命名参数 args 或者 kwargs 设置反向解析参数，基本格式如下。

V3-11 反向解析带参数的命名 URL 模式

```
reverse("URL 模式名称",args=[参数列表])
reverse("URL 模式名称",kwargs={参数字典})
```

下面的例子在项目视图文件"chapter3\chapter3\views.py"添加视图函数，反向解析带参数的 URL 模式。

具体操作步骤如下。

（1）修改"chapter3\chapter3\views.py"，添加下面的代码定义视图函数。

```
def getUrlArgs(request,data):
    return HttpResponse("请求的 URL 路径为: %s" % reverse("UrlArgs",args=['abcd']))
def getUrlKwargs(request,data):
    return HttpResponse("请求的 URL 路径为: %s" % reverse("UrlKwargs",kwargs={'data': 1234}))
```

（2）在项目 URL 配置文件"chapter3\chapter3\urls.py"中添加 URL 映射，代码如下。

```
path('rev2/<data>', views.getUrlArgs,name="UrlArgs"),
path('rev3/<data>', views.getUrlKwargs,name="UrlKwargs"),
```

在浏览器中访问 http://127.0.0.1:8000/rev2/abc，页面中的输出结果如图 3-18 所示。

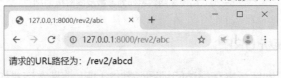

图 3-18　用 args 提供参数以反向解析 URL

在浏览器中访问 http://127.0.0.1:8000/rev3/abc，页面中的输出结果如图 3-19 所示。

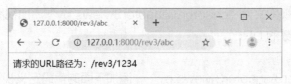

图 3-19　用 kwargs 提供参数反向以解析 URL

可以看到，在反向解析带参数的 URL 模式时，因为提供了反向解析参数，所以反向解析获得的 URL 路径和请求时的 URL 路径有所不同。如果要使解析结果与请求的 URL 完全一致，则应将视图函数获得的参数设置为反向解析参数，示例代码如下。

```
ddef getUrlArgs(request,data):
    return HttpResponse("请求的 URL 路径为：%s" % reverse("UrlArgs",args=[data]))
def getUrlKwargs(request,data):
    return HttpResponse("请求的 URL 路径为：%s" % reverse("UrlKwargs",kwargs={'data': data}))
```

3.4.3　反向解析视图函数

V3-12 反向解析视图函数

可使用视图函数名称作为 reverse()函数参数来执行反向解析，这与反向解析命名 URL 模式类似。

下面的例子在项目视图文件"chapter3\chapter3\views.py"添加视图函数，使用视图函数名反向解析 URL 模式。

具体操作步骤如下。

（1）修改"chapter3\chapter3\views.py"，添加下面的代码定义视图函数。

```
def getViewUrl(request):
    return HttpResponse("getUrlKwargs 请求的 URL 路径为：%s" % \
                        reverse(getUrlKwargs,kwargs={'data': 1234}))
```

（2）在项目 URL 配置文件"chapter3\chapter3\urls.py"中添加 URL 映射，代码如下。

```
path('rev4/test', views.getViewUrl),
```

在浏览器中访问 127.0.0.1:8000/rev4/test，页面中的输出结果如图 3-20 所示。

图 3-20　用视图函数名作为参数反向解析 URL

3.4.4　在模板中反向解析 URL

在模板中也可使用反向解析来获得访问视图函数的 URL，基本格式如下。

V3-13 在模板中
反向解析 URL

```
{% url URL 模式名称 参数%}
```

有多个参数时，参数之间用空格分隔。

下面的例子在项目视图文件"chapter3\chapter3\views.py"添加视图函数，在模板中使用反向解析获得访问视图函数的 URL。

具体操作步骤如下。

（1）修改"chapter3\chapter3\views.py"，添加下面的代码定义视图函数。

```
def reverseInTemplates(request,data):
    return render(request,'showurl.html',{'data':data})
```

（2）在应用 testinclude 中创建一个子文件夹 templates。Django 默认在应用下面的 templates 文件夹中搜索模板。

（3）在 Visual Studio 中选择"文件\新建\文件"命令，新建一个 HTML 文件。将其保存到 "chapter3\testinclude\templates\"文件夹，文件名为 showUrl.html，其代码如下。

```
<!--chapter3\testinclude\templates\showUrl.html-->
<html>
<head>
    <title>在模板中反向解析网址</title>
</head>
<body>
    当前页面的 URL 路径: {% url 'urlTemplate' data %}<br>
    views.getUrlKwargs 的 URL 路径: {% url 'UrlKwargs' 123 %}<br>
</body>
</html>
```

（4）在项目的 URL 配置文件"chapter3\chapter3\urls.py"中添加 URL 映射，代码如下。

```
path('uset/<path:data>',views.reverseInTemplates,name='urlTemplate'),
```

（5）修改配置文件"chapter3\chapter3\settings.py"，注册应用 testinclude，代码如下。

```
INSTALLED_APPS = [
    ......
    'testinclude',
]
```

保存全部修改后，在浏览器中访问 http://127.0.0.1:8000/uset/123/abc，页面中的输出结果如图 3-21 所示。

图 3-21　在模板中反向解析 URL

3.5　URL 命名空间

在反向解析 URL 时，通常将 URL 命名空间与命名 URL 模式结合使用。

3.5.1　URL 命名空间简介

URL 命名空间与变量作用范围类似，它是命名 URL 模式的使用范围。设置了 URL 命名空间后，需按照"URL 命名空间名称:URL 模式名称"的格式来引用 URL 模式，例如"nameIndex:Default"。在反向解析 URL 时，Django 在指定的 URL 命名空间中搜索 URL 模式名称。在不同的命名空间中，可使用相同的 URL 模式名称。

正确使用 URL 命名空间，可对项目中的应用进行多次部署，即可通过不同的 URL 访问同一个应用，示例代码如下。

```
path('usename1/',include(('useNameSpace.urls',"ns1"),namespace="nameIndex")),
path('usename2/',include(('useNameSpace.urls',"ns2"),namespace="nameIndex2")),
```

这里配置了两个路径"usename1/"和"usename2/"来访问"useNameSpace"应用，Django 会部署两个"useNameSpace"应用实例，在应用实例的 urls.py 中配置了当前应用的命名 URL 模式。因为应用的不同实例使用同一个 urls.py，所以应用的多个实例中的命名 URL 模式名称也就相同。URL 命名空间将应用实例中的同名 URL 模式分隔开，使得反向解析 URL 时会获得唯一的 URL。

Django 将 URL 命名空间分为应用命名空间和实例命名空间。

应用命名空间指正在部署的应用的 URL 命名空间名称。一个应用的多个实例可共享同一个应用命名空间，也可配置多个应用命名空间。例如，前面例子中"ns1"和"ns2"是应用命名空间名称。

实例命名空间是应用特定实例的 URL 命名空间。实例命名空间名称在整个项目中必须唯一。实例命名空间名称可以与应用命名空间名称相同——Django 将其视为应用的默认实例。例如，默认的 Django 管理站点实例的实例命名空间名称为"admin"。

3.5.2　使用 URL 的应用命名空间

V3-14 使用 URL 的应用命名空间

URL 的应用命名空间可用两种方法来定义：在应用的 urls.py 中使用 app_name 定义或者在 include()函数中定义。

在应用的 urls.py 中使用 app_name 定义应用命名空间的基本格式如下。

```
app_name="usename"
```

使用 app_name 定义的应用命名空间由应用的所有实例共享。

在 include()函数中定义应用命名空间的基本格式如下。

```
include((pattern_list, app_namespace), namespace = None)
```

其中，pattern_list 是 URL 模式列表，app_namespace 设置应用命名空间名称，namespace 设置实例命名空间。

下面的例子在 chapter3 项目中添加一个应用 useAppNamespace，在反向解析 URL 时使用 URL 的应用命名空间。

具体操作步骤如下。

（1）在 Windows 命令窗口中执行下面的命令，在 chapter3 项目中添加一个应用。

```
D:\chapter3>python manage.py startapp useAppNamespace
```

（2）在 Visual Studio 中，修改应用 useAppNamespace 的视图文件 views.py，代码如下。

```python
#chapter3\useAppNamespace\views.py
from django.http import HttpResponse
from django.urls import reverse
def index(request,data=0):
    s='应用默认页面URL, reverse("Default")=%s' % (reverse("Default"))
    s+='<br/>获取数据页面URL, reverse("nData",args=[%s])=%s' \
                    % (data,reverse("nData",args=[data]))
    return HttpResponse(s)
```

（3）为应用 useAppNamespace 添加一个 urls.py 文件，代码如下。

```python
#chapter3\useAppNamespace\urls.py
from django.urls import path
from . import views
#app_name="myAppUrlNamespace"     #定义网址的应用命名空间，先注释掉，以便测试
urlpatterns = [
    path('', views.index,name="Default"),
    path('<data>/', views.index,name="nData"),
]
```

（4）在项目 URL 配置文件"chapter3\chapter3\urls.py"中添加 URL 映射，代码如下。

```python
#chapter3\chapter3\urls.py
……
urlpatterns = [
    ……
    path('usename1/',include('useAppNamespace.urls')),      #第一个 useAppNamespace 应用实例
    path('usename2/',include('useAppNamespace.urls')),      #第二个 useAppNamespace 应用实例
]
```

（5）运行项目开发服务器，在浏览器中访问 127.0.0.1:8000/usename1/，页面中的输出结果如图 3-22 所示。

（6）在浏览器中访问 127.0.0.1:8000/usename2/，页面中的输出结果如图 3-23 所示。

注意在步骤（5）和步骤（6）中，虽然使用了不同的 URL，但页面中输出的 URL 却是相同的。也就是说，在使用路径"usename1/"访问应用时，反向解析没有得到正确的 URL。这是因为在

部署多个应用实例时，如果没有为命名 URL 模式定义应用命名空间或者实例命名空间，反向解析 URL 总是返回部署在最后一个实例的 URL，在本例中就是"usename2/"，所以步骤（5）和步骤（6）中浏览器页面的输出内容是相同的。

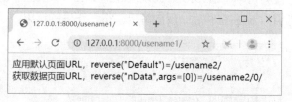

图 3-22　访问应用 useAppNamespace 网址 1

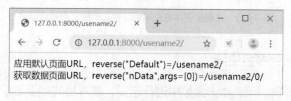

图 3-23　访问应用 useAppNamespace 网址 2

要解决该问题，就需要为应用实例定义 URL 的应用命名空间或者实例命名空间。

（7）修改应用 useAppNamespace 的 urls.py，取消 "app_name="myAppUrlNamespace"" 语句前面的注释符号。

（8）保存文件后，重新访问 127.0.0.1:8000/usename1/，页面输出结果如图 3-24 所示。

页面提示在反向解析时，没有找到 "Default"，它不是一个有效的视图函数或者 URL 模式名称。这是因为在定义了 URL 的应用命名空间后，引用命名 URL 模式就必须使用命名空间名称作为前缀。

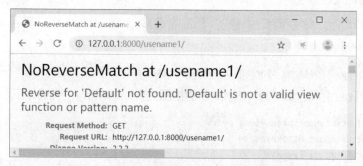

图 3-24　使用命名空间中的命名 URL 模式错误信息

（9）修改 useAppNamespace 应用的视图文件 views.py，为 URL 模式名称添加命名空间名称前缀，代码如下。

```
#chapter3\useAppNamespace\views.py
from django.http import HttpResponse
from django.urls import reverse
def index(request,data=0):
    s='应用默认页面URL, reverse("Default")=%s' % (reverse("myAppUrlNamespace:Default"))
```

```
            s+='<br/>获取数据页面 URL, reverse("nData",args=[%s])=%s' \
                    % (data,reverse("myAppUrlNamespace:nData",args=[data]))
            return HttpResponse(s)
```

（10）保存文件后，重新访问 127.0.0.1:8000/usename1/，页面中的输出结果如图 3-25 所示。可以看到，在正确使用了命名空间后，反向解析获得了正确的结果。

图 3-25 正确使用命名空间后获得正确的反向解析结果

3.5.3 使用 URL 的实例命名空间

URL 的实例命名空间在 include()函数中进行定义，基本格式如下。

V3-15 使用 URL 的实例命名空间

```
include(module, namespace = None)                               #格式1
include((module, app_namespace), namespace = None)              #格式2
```

其中，namespace 参数用于定义 URL 的实例命名空间。Django 要求在定义实例命名空间时，必须定义应用命名空间。因此，使用格式 1 时，必须在参数 module 指定的 urls.py 中用 app_name 定义应用命名空间，否则会出错。使用格式 2 时，在 include()函数的第一个二元参数组的第二个选项中指定实例命名空间名称（app_namespace）。

下面的例子在 chapter3 项目中添加一个应用 useNameSpace，在反向解析 URL 时使用 URL 的实例命名空间。

具体操作步骤如下。

（1）在 Windows 命令窗口中执行下面的命令，在 chapter3 项目中添加一个应用 useInstanceNamespace。

```
D:\chapter3>python manage.py startapp useInstanceNamespace
```

（2）修改应用 useInstanceNamespace 的视图文件 views.py，代码如下。

```
#chapter3\useInstanceNamespace\views.py
from django.http import HttpResponse
from django.urls import reverse
def index(request,data=0):
    s='应用默认页面 URL, reverse("nameIndex:Default")=%s' % (reverse("nameIndex:Default"))
    s+='<br/>获取数据页面 URL, reverse("nameIndex:nData",args=[%s])=%s' \
      % (data,reverse("nameIndex:nData",args=[data]))
    return HttpResponse(s)
```

（3）为应用 useInstanceNamespace 添加一个 urls.py 文件，代码如下。

```
#chapter3\useInstanceNamespace\urls.py
from django.urls import path
from . import views
```

```
#app_name="myAppSpace"   #定义应用命名空间
urlpatterns = [
    path('', views.index,name="Default"),
    path('<data>/', views.index,name="nData"),
]
```

（4）在项目 URL 配置文件"chapter3\chapter3\urls.py"中添加 URL 映射，代码如下。

```
#chapter3\chapter3\urls.py
……
urlpatterns = [
    ……
    path('usename3/',include('useInstanceNameSpace.urls',namespace="nameIndex")),
    path('usename4/',include('useInstanceNameSpace.urls',namespace="nameIndex2")),
]
```

（5）运行项目开发服务器，Django 会提示没有定义应用命名空间，错误信息如图 3-26 所示。

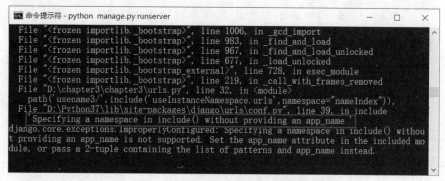

图 3-26　没有定义应用命名空间的错误提示

（6）取消应用 urls.py 文件中"app_name="myInstanceSpace""语句前的注释符号，保存文件。在浏览器中访问 127.0.0.1:8000/usename3/，页面中的输出结果如图 3-27 所示，结果显示反向解析获得了正确的 URL。

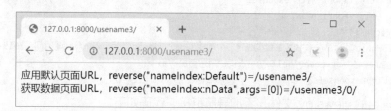

图 3-27　正确使用实例命名空间获得正确的反向解析结果

读者可以尝试注释掉应用 urls.py 文件中定义应用命名空间的语句，然后在项目的 urls.py 文件中，用 include()函数中添加应用命名空间定义，代码如下所示。

```
path('usename3/',include(('useInstanceNamespace.urls','myAppSpace'),namespace="nameIndex")),
path('usename4/',include(('useInstanceNamespace.urls','myAppSpace'),namespace="nameIndex2")),
```

3.6 实践：为 HelloWorld 项目增加导航链接

本节综合应用本章所学知识，修改第 1 章中创建的 HelloWorld 项目，为其增加导航链接，如图 3-28 所示。

图 3-28 HelloWorld 项目首页

单击页面中的"关于 HelloWorld"链接，打开 about 页面，如图 3-29 所示。单击页面中的"返回首页"链接，可返回项目首页。

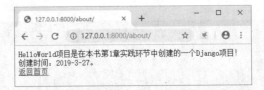

图 3-29 about 页面

具体操作步骤如下。

（1）在 Windows 命令提示符窗口中执行下面的命令，为"HelloWorld"项目添加 about 应用。

```
D:\HelloWorld >python manage.py startapp about
```

（2）在 Visual Studio 中打开"HelloWorld"项目文件夹。
（3）修改 about 应用的 views.py 文件，定义视图函数以返回 about 页面，代码如下。

```
#HelloWorld\about\views.py
from django.http import HttpResponse
from django.urls import reverse
def about(request):
    s="HelloWorld 项目是在本书第 1 章实践环节中创建的一个 Django 项目！<br/>创建时间：2019-3-27。<br/>"+\
        "<a href='"+reverse("hello")+"'>"+"返回首页</a>"
    return HttpResponse(s)
```

（4）修改项目的 views.py 文件，添加导航链接，代码如下。

```
# HelloWorld\HelloWorld\views.py
from django.http import HttpResponse
from django.urls import reverse
def hello(request):
    ht="Hello World! <br/>导航列表：<br/>" +\
        "<a href='"+reverse("about")+"'>"+"关于 HelloWorld</a>"
    return HttpResponse(ht)
```

(5）修改项目的 urls.py 文件，添加 about 应用的 URL 配置，代码如下。

```
#chapter3\HelloWorld\HelloWorld\urls.py
from django.urls import path
from . import views
from about import views as about_views
urlpatterns = [
    path('',views.hello,name='hello'),
    path('about/', about_views.about,name="about"),
]
```

（6）运行开发服务器，测试项目运行情况。

本章小结

本章首先简单介绍了 Django 的 URL 分发机制，然后详细讲解了 URL 配置、URL 参数传递、反向解析 URL 和 URL 命名空间等内容。Django 的 URL 分发机制使开发人员可以设计灵活的 URL 模式，用户在浏览器中访问 URL 时，只要路径与 URL 模式匹配，即可访问相应的视图函数，获得输出页面。

Django 的 URL 分发机制将用户访问的 URL 与实现输出页面的视图函数、模板、模型等隔离，也在一定程度上保障了站点安全。

习 题

（1）请问在用户访问 Django 站点时，Django 会执行哪些操作？
（2）在 URL 配置文件中，可用哪些 URL 解析函数？
（3）请问在使用 path()函数解析 URL 时，如何获得 URL 路径中的数据？
（4）请问在使用 re_path()函数解析 URL 时，如何获得 URL 路径中的数据？
（5）请问，除了从 URL 路径中获得的数据，如何向视图函数传递其他数据？
（6）请问反向解析带参数和不带参数的 URL 模式有何区别？
（7）请问 URL 的实例命名空间和应用命名空间有何区别？

第 4 章
模型和数据库

Django 模型层用于实现 Web 站点数据的创建和管理。使用内置的 ORM 框架，Django 可以轻松完成数据库的连接和读写等各种操作。Django 支持 MySQL、Oracle、PostgreSQL 和 SQLite 等数据库。通过使用第三方数据库后端，Django 还支持其他的数据库，如 SAP SQL Anywhere、IBM DB2、Microsoft SQL Server、Firebird 以及 ODBC 等。

本章要点

- 了解模型基础
- 掌握数据操作的方法
- 掌握索引
- 掌握特殊查询表达式
- 掌握原始 SQL 查询的执行方法
- 掌握关系的定义

4.1 模型基础

模型是项目的数据来源。每个模型都是一个 Python 类，并且映射到一个数据库表。模型的每个属性相当于数据库表的一个字段。使用模型对象可以完成各种数据库表操作。

4.1.1 定义模型

定义模型就是实现一个 django.db.models.Model 类的子类。模型的文件名称默认为 models.py，也可使用其他名称。

V4-1 定义模型

下面的实例创建项目 chapter4 和应用 faqs，在应用 faqs 中定义模型类 faqsdata。

具体操作步骤如下。

（1）在 Windows 命令窗口中执行下面的命令创建项目和应用。

```
E:\>django-admin startproject chapter4
E:\>cd chapter4
E:\chapter4>python manage.py startapp faqs
```

（2）在 Visual Studio 中选择"文件\打开\文件夹"命令，打开项目文件夹 chapter4。

（3）在解决方案资源管理器中双击打开"chapter4\faqs\models.py"文件，添加代码定义模型类 faqsdata，代码如下。

```python
#chapter4\chapter4\faqs\models.py
from django.db import models
class faqsdata(models.Model):
    question=models.CharField(max_length=200,blank=True)
    answer=models.CharField(max_length=200,blank=True)
```

模型 faqsdata 包含两个字段 question 和 answer，其类型都是 models.CharField，用于保存字符串。max_length 参数设置字段最大长度，blank 参数设置为 True 表示字段允许空值。

将模型映射到数据库表时，Django 会为没有定义主键的模型自动添加一个名称为 id 的自动增量字段，并将该字段作为表的主键。

4.1.2 模型配置

要使用模型，还需要在项目配置文件 settings.py 中完成相应的设置。

首先，需要在项目配置文件的 INSTALLED_APPS 变量中添加包含模型的应用名称，代码如下。

V4-2 模型配置

```python
INSTALLED_APPS = [
……
    'faqs',
]
```

其次，需要在项目配置文件的 DATABASES 变量中设置数据库信息，项目默认的数据库配置信息如下。

```python
DATABASES = {
    'default': {
        'ENGINE': 'django.db.backends.sqlite3',
        'NAME': os.path.join(BASE_DIR, 'db.sqlite3'),
    }
}
```

其中，default 是默认数据库名称。ENGINE 选项设置数据库引擎，django.db.backends.sqlite3 为 SQLite3 数据库引擎，表示使用 SQLite3 数据库。NAME 选项设置数据库名称，os.path.join(BASE_DIR, 'db.sqlite3')表示默认数据库的文件名为项目主目录下的 db.sqlite3，Django 会在首次运行项目时创建该文件。

除了 SQLite，Django 支持 MySQL、Oracle 和 PostgreSQL 数据库。

MySQL 数据库的配置如下。

```python
DATABASES = {
    'default': {
        'ENGINE': 'django.db.backends.mysql',
        'NAME': 'mysqldb',
        'USER': 'sqldbuser1',
        'PASSWORD': 'sqldbpassword1',
        'HOST': '',
```

```
            'PORT': '',
    }
}
```

其中，HOST 为空表示数据库服务器和项目运行于同一台计算机中，也可用"127.0.0.1"表示本地服务器。PORT 为空表示 MySQL 服务器使用默认端口（3306）。

Oracle 数据库的配置如下。

```
DATABASES = {
    'default': {
        'ENGINE': 'django.db.backends.oracle',
        'NAME': 'myordb',
        'USER': 'ordbuser1',
        'PASSWORD': 'ordbpassword1',
        'HOST': '127.0.0.1',
        'PORT': '1540',
    }
}
```

PostgreSQL 数据库的配置如下。

```
DATABASES = {
    'default': {
        'ENGINE': 'django.db.backends.postgresql',
        'NAME': 'mypsdb',
        'USER': 'psdbuser1',
        'PASSWORD': 'psdbpassworda1',
        'HOST': '127.0.0.1',
        'PORT': '5432',
    }
}
```

4.1.3 迁移数据库

V4-3 迁移数据库

完成模型的定义和配置后，在使用数据库之前，还需执行数据库迁移操作。Django 通过迁移操作将模型的更改（模型定义、模型删除、字段更改等）应用到数据库。

首先，执行 makemigrations 命令，根据模型的更改情况生成迁移文件。

```
E:\chapter4>python manage.py makemigrations
```

命令执行结果如图 4-1 所示。

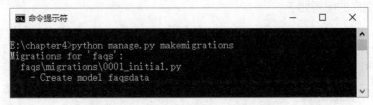

图 4-1 执行 makemigrations 命令结果

这是首次执行 makemigrations 命令时的输出结果，生成的迁移文件为 0001_initial.py，其代码如下。

```
# Generated by Django 2.1.7 on 2019-04-11 09:07
from django.db import migrations, models
class Migration(migrations.Migration):
    initial = True
    dependencies = [ ]
    operations = [
        migrations.CreateModel(
            name='faqsdata',
            fields=[
                ('id', models.AutoField(auto_created=True, primary_key=True, serialize=False, verbose_name='ID')),
                ('question', models.CharField(blank=True, max_length=200)),
                ('answer', models.CharField(blank=True, max_length=200)),
            ],
        ),
    ]
```

模型的初始化操作就是创建模型（创建表、定义字段）。在代码中可看到 Django 为模型添加的 id 字段。如果已经在模型中定义了 id 字段，该字段必须是定义的主键。

makemigrations 命令只针对模型的变化生成迁移文件。例如，修改前面的"chapter4\faqs\models.py"文件，复制 faqsdata 类，将其命名为 faqsdata2。再次执行 makemigrations 命令，如图 4-2 所示。可看到 Django 只为更改的部分操作生成迁移文件。

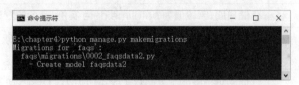

图 4-2　生成新的迁移文件

生成迁移文件后，执行 migrate 命令，应用迁移文件完成迁移操作，如图 4-3 所示。

图 4-3　完成迁移操作

4.1.4 定义字段

字段的定义包括字段名、字段类型和字段选项,示例代码如下。

V4-4 定义字段

```
question=models.CharField(max_length=200,blank=True)
```

其中,question 为字段名,CharField 为字段类型,max_length 和 blank 为字段选项。

Django 在 django.db.models.fields 模块中定义了可用的字段类型。为了方便,Django 已将 fields 模块导入到 django.db.models 模块中。通常,先用 from django.db import models 导入 models 模块,然后用 models.xxxField 来引用字段类型。

Django 定义的字段类型如表 4-1 所示。

表 4-1 字段类型

字段类型	说明
AutoField	自动增量,32 位整数,取值范围是 $1 \sim 2^{31}-1$
BigAutoField	自动增量,64 位整数,取值范围是 $1 \sim 2^{63}-1$
BigIntegerField	64 位整数,取值范围是 $-2^{63} \sim 2^{63}-1$。字段的默认表单控件为 TextInput
BinaryField	存储原始二进制数据
BooleanField	存储 True 或 False。字段的默认表单控件为 CheckboxInput
CharField	存储字符串。字段的默认表单控件为 TextInput
DateField	存储日期,字段值为 datetime.date 实例。字段的默认表单控件为 TextInput
DateTimeField	存储日期时间,字段值为 datetime.datetime 实例。字段的默认表单控件为 TextInput
DecimalField	存储固定精度的十进制数字段,字段值为 Decimal 实例。字段的默认表单控件为 NumberInput
DurationField	存储时间段
EmailField	存储 E-mail 地址
FileField	存储文件。字段的默认表单控件为 ClearableFileInput
FilePathField	存储文件路径
FloatField	存储浮点数字。字段的默认表单控件为 NumberInput
ImageField	存储图片。字段的默认表单控件为 ClearableFileInput
IntegerField	存储整数。取值范围是 $-2^{31} \sim 2^{31}-1$。字段的默认表单控件为 NumberInput
GenericIPAddressField	存储字符串格式的 IPv4 或 IPv6 地址。字段的默认表单控件为 TextInput
PositiveIntegerField	存储非负整数。取值范围是 $0 \sim 2^{31}-1$
PositiveSmallIntegerField	存储非负小整数。取值范围是 $0 \sim 2^{15}-1$
SlugField	存储 Slug 数据,只包含字母、数字、下划线或连字符

续表

字段类型	说明
SmallIntegerField	存储小整数。取值范围是 $-2^{15} \sim 2^{15}-1$
TextField	存储大量文本。字段的默认表单控件为 Textarea
TimeField	存储时间,字段值为 datetime.time 实例。字段的默认表单控件为 TextInput
URLField	存储 URL。字段的默认表单控件为 TextInput
UUIDField	存储唯一标识符,字段值为 UUID 类实例

定义字段类时,可以使用参数为字段设置相关选项。表 4-2 列出了字段选项。

表 4-2 字段选项

选项	说明
Null	默认为 False。为 True 时,Django 在字段无数据时将空值 NULL 存入数据库(字符串字段存入空字符串)
blank	默认为 False。为 True 时,字段允许为空,即表单验证将允许输入空值。blank 影响数据验证,null 影响数据库数据存储
choices	为字段定义选择项。字段值为选择项中的列表或元组中的值
db_column	定义字段在数据库表中的列名称。未设置时,Django 用模型中的字段名作为数据库表的列名称
db_index	为 True 时,为该字段创建数据库索引
db_tablespace	若为字段创建了索引,则为字段索引设置数据库的表空间名称
default	设置字段默认值
editable	默认是 True。为 False 时,字段不在模型表单中显示
error_messages	设置错误提示信息。该设置会覆盖默认的错误提示信息
help_text	设置字段的帮助信息
primary_key	设置为 True 时,字段成为模型的主键
unique	设置为 True 时,字段值在整个表中必须是唯一的
unique_for_date	设置为日期或日期时间字段名,关联的两个字段值在整个表中必须是唯一的
unique_for_month	类似 unique_for_date。与关联的月份唯一
unique_for_year	类似 unique_for_date。与关联的年份唯一
verbose_name	为字段设置备注名称
validators	为字段设置校验器

4.2 数据操作

在完成模型定义和数据库迁移操作后,数据库中有了与模型一致的表,便可进一步执行数据操作,包括添加数据、获取数据、更新数据和删除数据。也可使用可视化工具(如 Visual Studio)来管理数据。

4.2.1　在 Visual Studio 中管理 SQLite 数据库

使用第三方组件 dotConnect for SQLite,可在 Visual Studio 中管理 SQLite 数据库。

V4-5 在 Visual Studio 中管理 SQLite 数据库

1. 安装件 dotConnect for SQLite

为 Visual Studio 安装 dotConnect for SQLite 的具体操作步骤如下。

(1)在 Visual Studio 中选择"工具\扩展和更新"命令,打开"扩展和更新"对话框。

(2)在对话框左侧列表中单击"联机"选项,显示联机扩展组件信息。

(3)在对话框右上角的搜索框中输入 SQLite,搜索与 SQLite 相关的扩展组件,如图 4-4 所示。

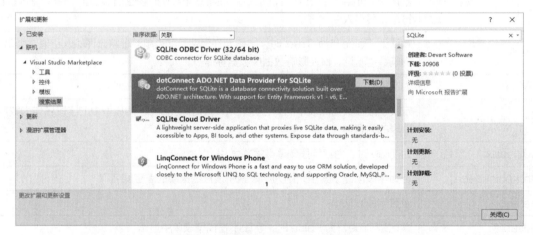

图 4-4　搜索 dotConnect for SQLite

(4)单击选中"dotConnect ADO.NET Data Provider for SQLite",显示"下载"按钮。单击"下载"按钮,下载 dotConnect 安装程序。

(5)运行 dotConnect 安装程序,按提示使用默认设置完成安装。完成安装后,重新启动 Visual Studio,即可使 dotConnect 组件生效。

2. 连接到 SQLite 数据库

Visual Studio 使用服务器资源管理器管理服务器和数据连接。连接 SQLite 数据库的具体操作步骤如下。

(1)在 Visual Studio 中选择"工具\连接到数据库"命令,打开"服务器资源管理器"窗口和"选择数据源"对话框,如图 4-5 所示。

(2)在选择数据源对话框的"数据源"列表中选中"SQLite Database",单击"继续"按钮,打开"添加连接"对话框,如图 4-6 所示。

(3)单击"Browse…"按钮,打开对话框选择要连接的 SQLite 数据库。单击"确定"按钮完成连接。

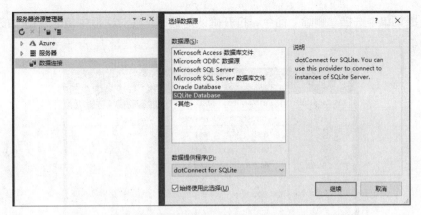

图 4-5 "服务器资源管理器"窗口和"选择数据源"对话框

完成连接后,可在服务器资源管理器的"数据连接"目录中查看 SQLite 数据库,如图 4-7 所示。

图 4-6 添加连接

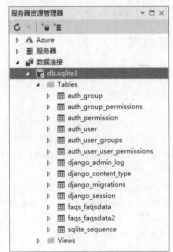

图 4-7 查看 SQLite 数据库

其中,faqs_faqsdata 和 faqs_faqsdata2 是自定义模型所映射的表。auth_xxx 表是 Django 用户认证相关的表,django_xxx 是 Django 管理功能相关的表,sqlite_sequence 是 SQLite 的系统表,保存其他表中 ID 的最大值。

3. 检索数据

鼠标右键单击要查看数据的表(如 faqs_faqsdata),然后选择"检索数据"命令,可打开查询设计器窗口,如图 4-8 所示。

查询设计器窗口默认显示了表的数据,可在其中修改、添加或删除数据。

- 修改数据:在表格中直接修改现有数据,修改后按【Enter】键或单击当前行之外的任意位置,数据自动完成保存。
- 添加数据:表格最下方为添加数据行,在其中输入数据即可添加一条新记录。注意:自动增量字段(如 Django 自动添加的 id 字段)不需要输入值。
- 删除数据:单击每行左侧的选择按钮,选中该行。再用鼠标右键单击该行任意位置,在弹出的快捷菜单中选择"删除"命令,打开确认对话框。在对话框中单击"是"按钮删除选中的行。

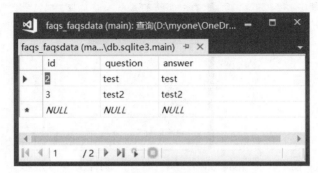

图 4-8 检索数据

在 Visual Studio 菜单中选择"查询设计器\执行 SQL"命令或按【Ctrl+R】组合键,可执行查询,刷新窗口中的数据。

4.2.2 添加数据

添加数据的基本步骤:首先创建模型对象,再调用 save()方法将对象数据写入数据库,示例代码如下。

```
E:\chapter4>python manage.py shell              #进入当前项目的 Python 交互环境
Python 3.7.2 (tags/v3.7.2:9a3ffc0492, Dec 23 2018, 22:20:52) [MSC v.1916 32 bit (Intel)] on win32
Type "help", "copyright", "credits" or "license" for more information.
(InteractiveConsole)
>>> from faqs.models import faqsdata         #导入模型类
>>> d=faqsdata(question='test',answer='bbb') #创建模型对象
>>> d.save()                                 #执行保存操作,将数据写入数据库
>>> d.id,d.question,d.answer                 #查看字段值
(1, 'test', 'bbb')
```

注意,只有进入当前项目的 Python 交互式环境才能正确使用模型。如果直接执行"python"命令,会使用系统的 Python 全局设置进入交互环境,在使用模型时会出错,示例如下。

```
E:\chapter4>python
Python 3.7.2 (tags/v3.7.2:9a3ffc0492, Dec 23 2018, 22:20:52) [MSC v.1916 32 bit (Intel)] on win32
Type "help", "copyright", "credits" or "license" for more information.
>>> from faqs.models import faqsdata
Traceback (most recent call last):
  File "<stdin>", line 1, in <module>
  File "E:\chapter4\faqs\models.py", line 3, in <module>
    class faqsdata(models.Model):
  File "D:\Python37\lib\site-packages\django\db\models\base.py", line 87, in __new__
    app_config = apps.get_containing_app_config(module)
  File "D:\Python37\lib\site-packages\django\apps\registry.py", line 249, in get_containing_app_config
    self.check_apps_ready()
  File "D:\Python37\lib\site-packages\django\apps\registry.py", line 131, in check_apps_ready
```

```
    settings.INSTALLED_APPS
  File "D:\Python37\lib\site-packages\django\conf\__init__.py", line 57, in __getattr__
    self._setup(name)
  File "D:\Python37\lib\site-packages\django\conf\__init__.py", line 42, in _setup
    % (desc, ENVIRONMENT_VARIABLE))
django.core.exceptions.ImproperlyConfigured: Requested setting INSTALLED_APPS, but settings are not
configured. You must either define the environment variable DJANGO_SETTINGS_MODULE or call
settings.configure() before accessing settings.
```

在系统的 Python 交互环境中导入模型类时，因为 Python 找不到 INSTALLED_APPS 和 DJANGO_SETTINGS_MODULE 等配置信息，所以会出现异常。Django 在创建项目时，会在 manage.py 中将 DJANGO_SETTINGS_MODULE 设置为当前项目的配置模块（settings.py）。执行 python manage.py shell 命令进入项目交互式环境时，会使用 manage.py 中的配置信息，所以不会出错。

create()方法可用于创建对象，同时执行保存操作，示例如下。

```
>>> d=faqsdata.objects.create(question='test3',answer='test3')     #创建对象,并将数据存入数据库
>>> d.id
4
```

> **提示** Django 通过 Manager（模型管理器）提供数据库访问接口。默认情况下，Django 为每个模型添加一个名为 objects 的管理器，调用 objects 的各种方法可完成相关的数据库操作。

在使用模型对象添加数据时，应注意默认的 id 字段。Django 自动为模型添加一个名为 id 的自动增量字段，将其作为模型的主键。应注意的是，在创建了模型对象后，调用 save()保存数据之前，id 字段值是空值，示例代码如下。

```
>>> d4=faqsdata(question='test4',answer='test4')     #创建对象
>>> d4.id                                            #查看id字段值,输出结果为空
>>> d4.question
'test4'
>>> d4.save()                                        #保存对象到数据库
>>> d4.id                                            #id字段有值
5
```

在创建模型对象时，也可指定自动增量字段 id 的值，例如：

```
>>> d=faqsdata(id='5',question='test8',answer='aaa')
```

注意，如果指定的 id 值与数据库表中已有的 id 值相同，则会用新数据覆盖原数据。

4.2.3 获取数据

Django 通过模型对象的默认模型管理器 objects 提供了多种获取数据的方法。

1. 获取所有数据行

all()方法返回数据表中的所有数据。all()方法相当于 SQL 中的 "SELECT *

V4-7 获取数据

FROM…"命令,示例代码如下。

```
>>> ds=faqsdata.objects.all()          #获取全部数据行
>>> for a in ds:                       #迭代,输出全部数据
...     print(a.id,a.question,a.answer)
...
3 test bbb
4 test3 test3
5 test8 aaa
```

其中,faqsdata.objects.all()相当于"SELECT * FROM faqs_faqsdata"。

2. 获取排序数据

order_by()方法返回按指定字段排序的结果,示例代码如下。

```
>>> ds=faqsdata.objects.order_by('answer')     #返回按 answer 字段排序的数据
>>> for a in ds:
...     print(a.id,a.question,a.answer)
...
5 test8 aaa
3 test bbb
4 test3 test3
```

其中,faqsdata.objects.order_by('answer')相当于"SELECT * FROM faqs_faqsdata ORDER BY answer"。

3. 筛选数据

filter()方法按指定条件筛选数据,示例代码如下。

```
>>> ds=faqsdata.objects.filter(question='test')
>>> for a in ds:
...     print(a.id,a.question,a.answer)
...
3 test bbb
```

其中,faqsdata.objects.filter(question='test')相当于"SELECT * FROM faqs_faqsdata WHERE question="test""。

exclude()方法与filter()方法相反,它返回不满足条件的数据,示例代码如下。

```
>>> ds=faqsdata.objects.exclude(question='test')
>>> for a in ds:
...     print(a.id,a.question,a.answer)
...
4 test3 test3
5 test8 aaa
```

其中,faqsdata.objects.exclude (question='test')相当于"SELECT * FROM faqs_faqsdata WHERE not question="test""。

4. 获取单个数据行

get()方法按条件搜索单个数据行,返回结果为模型对象,示例代码如下。

```
>>> d=faqsdata.objects.get(id="3")
>>> print(d.id,d.question,d.answer)
```

```
3 test bbb
```

如果给定的条件匹配多个数据行，则会触发 MultipleObjectsReturned 异常。如果没有找到匹配的数据行，则会触发 DoesNotExist 异常。

5. values()和 values_list()

all()、order_by()、exclude()和 filter()方法返回查询集对象（QuerySet），查询集对象用于迭代时，其成员是模型对象。每个模型对象封装一条记录。

values()方法返回的查询集在用于迭代时，其成员是字典对象，每个字典对象封装一条记录，示例代码如下。

```
>>> ds=faqsdata.objects.exclude(question='test')          #返回查询集
>>> ds                                                     #查看查询集成员类型
<QuerySet [<faqsdata: faqsdata object (4)>, <faqsdata: faqsdata object (5)>]>
>>> ds=faqsdata.objects.exclude(question='test').values()  #返回封装字典对象的查询集
>>> ds                                                     #查看查询集成员类型
<QuerySet [{'id': 4, 'question': 'test3', 'answer': 'test3'}, {'id': 5, 'question': 'test8', 'answer': 'aaa'}]>
```

可在 values()方法的参数中指定查询结果集包含的字段，示例代码如下。

```
>>> faqsdata.objects.values()                             #不指定字段名时，包含全部字段
<QuerySet [{'id': 3, 'question': 'test', 'answer': 'bbb'}, {'id': 4, 'question': 'test3', 'answer': 'test3'}, {'id': 5, 'question': 'test8', 'answer': 'aaa'}]>
>>> faqsdata.objects.values("id","question")              #包含指定字段
<QuerySet [{'id': 3, 'question': 'test'}, {'id': 4, 'question': 'test3'}, {'id': 5, 'question': 'test8'}]>
```

values_list()和 values()类似，它返回的查询结果集封装的是元组，每个元组对应一条记录，示例代码如下。

```
>>> faqsdata.objects.values_list("id","question")
<QuerySet [(3, 'test'), (4, 'test3'), (5, 'test8')]>
```

4.2.4 字段查找

在 filter()、exclude()和 get()方法中，可使用 Django 提供的字段查找功能。字段查找表达式基本格式为"字段名__查找类型=表达式"，注意"字段名"和"查找类型"之间是两个下划线。

V4-8 字段查找

例如：

```
>>> ds=faqsdata.objects.filter(id__in=[3,5])   #等同于 SQL 中的 where id in (3,5)
>>> for a in ds:
...     print(a.id,a.question,a.answer)
...
3 test bbb
5 test8 aaa
```

其中，faqsdata.objects.filter(id__in=[3,5])相当于"SELECT * FROM faqs_faqsdata WHERE id in (3,5)"。

表 4-3 列出了字段查找使用的查找类型。

表 4-3 字段查找类型

查找类型	说明
exact	完全符合。例如，question__exact="test"等同于 where question="test"。与 None 比较时，SQL 会将其解释为 NULL。例如，question__exact=None，等同于 where question is NULL
iexact	与 exact 类似，但不区分字母大小写
contains	包含，区分字母大小写。例如，question__contains ="test"等同于 where question like "%test%"（注意：不同数据库中的 like 关键字用法可能有所不同。）
icontains	包含，不区分字母大小写
in	在指定项中进行匹配。例如，id__in=[3,5]等同于 where id in (3,5)。表达式可以是列表、元组、字符串，也可以是 filter()、exclude()和 get()等方法返回的包含单个字段值的查询集（QuerySet）
gt	大于。例如，id__gt=3 等同于 where id >3
gte	大于等于。例如，id__gte=3 等同于 where id >=3
lt	小于。例如，id__lt=3，等同于 where id <3
lte	小于等于。例如，id__lte=3 等同于 where id <=3
startswith	匹配字符串开头，区分大小写。例如，question__startswith ="test"等同于 where question like "test%"
istartswith	匹配字符串开头，不区分大小写。例如，question__istartswith ="test"
endswith	匹配字符串末尾，区分大小写。例如，question__endswith ="test"等同于 where question like "%test"
iendswith	匹配字符串末尾，不区分大小写。例如，question__iendswith ="test"
range	范围测试。例如，id__range=(1,5)等同于 where id between 1 and 5
date	查找 datetime 字段。例如，rgDate_date=datetime.date(2019, 5, 8)。可以和其他字段查找类型结合使用。例如，rgDate_date_gt=datetime.date(2019, 5, 8)
time	查找 datetime 字段。例如，rgDate_date=datetime.time(10, 30)。可以和其他字段查找类型结合使用。例如，rgDate_date_gt=datetime.time(10, 30)
isnull	取值 True 或 False，测试数据是否为 NULL。例如，question__isnull =True 等同于 where question is NULL
regex	使用正则表达式进行匹配，区分大小写。例如，question__regex ="^[a-z0-9]*"
iregex	使用正则表达式进行匹配，不区分大小写。例如，question__iregex ="^[a-z0-9]*"

4.2.5 更新数据

更新单个数据行时，可先调用模型的 objects.get()方法获得包含数据行的模型对象，然后通过给对象属性赋值来更新数据，示例代码如下。

V4-9 更新数据

```
>>> d=faqsdata.objects.get(id="3")          #获得要修改的数据行
>>> print(d.id,d.question,d.answer)         #输出数据
3 test bbb
>>> d.question="如何更新数据"                 #给属性赋值
>>> d.save()                                #将更改后的数据存入数据库
>>> print(d.id,d.question,d.answer)         #输出更新后的数据
3 如何更新数据 bbb
```

可通过对筛选结果执行 update()方法来更新单个或多个数据行，示例代码如下。

```
>>> ds=faqsdata.objects.filter(id="3")                      #获得符合条件的数据行
>>> ds.update(answer="对象赋值或 update()方法")             #更新查询集中所有对象的 answer 字段
1
```

update()方法命令返回更新后的数据行数量。

调用模型的 objects.update()方法可更新表中的全部数据行，示例代码如下。

```
>>>faqsdata.objects.update(question="Django 常见问题")     #更新表中的全部数据行
3
```

4.2.6 删除数据

delete()方法用于删除数据行，示例代码如下。

```
>>> faqsdata.objects.get(id="3").delete()
(1, {'faqs.faqsdata': 1})
```

V4-10 删除数据

delete()方法返回一个元组，元组的第 1 个值为已删除的对象个数（即删除的数据行数），元组的第 2 个值是一个字典，它包含了对象类型和删除的对象个数。例如，"'faqs.faqsdata': 1"表示删除了一个类型为 faqs.faqsdata 的对象。

可用 delete()方法删除表中的全部数据，示例代码如下。

```
>>> faqsdata.objects.all().delete()
(3, {'faqs.faqsdata': 3})
```

4.2.7 查询集操作

本节介绍查询集的各种基本操作。

1. 计算长度

可使用 len()和 count()方法获取查询集长度，查询集长度是查询集从数据库返回的数据行数，示例代码如下。

V4-11 查询集操作

```
>>> ds=faqsdata.objects.all()
>>> ds.count()
3
>>> len(ds)
```

3

2. 迭代操作

all()、order_by()、exclude()和 filter()方法返回的查询集封装的是模型对象，values()方法返回的查询集封装的是字典对象，values_list()返回的查询集封装的是元组。不管查询集封装的是哪种类型的对象，均可执行迭代操作。

可使用 for … in 循环对查询集执行迭代操作，示例代码如下。

```
>>> ds=faqsdata.objects.all()
>>> for a in ds:                    #执行迭代
...     print(a.id,a.question)
...
3 test
4 test3
5 test8
```

还可使用 iterator()方法返回查询集的迭代器，然后使用 next()方法执行迭代，示例代码如下。

```
>>> ds=faqsdata.objects.all()
>>> it=ds.iterator()                #获取迭代器
>>> while True:
...     try:
...         a=next(it)              #用迭代方法获取对象
...         print(a.id,a.question)
...     except StopIteration as e:
...         print("迭代结束")
...
3 test
4 test3
5 test8
迭代结束
```

next()方法在迭代结束时，会触发 StopIteration 异常。

3. 切片操作

查询集支持切片操作，示例代码如下。

```
>>> ds=faqsdata.objects.all()[:2]   #返回前 2 条数据
>>> for a in ds:
...     print(a.id,a.question,a.answer)
...
3 test bbb
4 test3 test3
```

4. 布尔运算

查询集可作为逻辑值用于布尔运算，如用于 bool()、if、and、or 等。作为逻辑值使用时，查询集不为空时，其值为 True，否则为 False，示例代码如下。

```
>>> ds=faqsdata.objects.filter(answer__contains="test")
>>> if ds:
...     print("存在包含'test'的 answer 字段")
... else:
```

```
...    print("不存在包含'test'的 answer 字段")
...
存在包含'test'的 answer 字段
```

在测试查询集是否包含查询结果时，用 exists()方法的效率更高，示例代码如下。

```
>>> if ds.exists():
...    print("有符合条件的数据")
... else:
...    print("没有符合条件的数据")
...
有符合条件的数据
```

5. &和|运算

查询集支持&（与）和|（或）运算。执行&或|运算时，两个查询集必须使用相同的模型，Django 会将两个查询集的过滤条件合并，等价于 SQL 中的"where…and…"和"where…or…"。

- &运算

例如，下面的命令返回 question 和 answer 字段均包含"test"的数据行。

```
>>>ds=faqsdata.objects.filter(question__contains="test") & faqsdata.objects.filter(answer__contains="test")
```

等价于：

```
>>>ds=faqsdata.objects.filter(question__contains="test", answer__contains="test")
```

等价于 SQL 中的"SELECT * FROM faqs_faqsdata WHERE question like "%test%" and answer like "%test%""。

还可以使用 Q 对象来创建类似的&或|运算，示例代码如下。

```
>>> from django.db.models import Q
>>> ds=scores.objects.filter(Q(sx__gt=60) & Q(xm__startswith="李"))
```

等价于：

```
>>>ds=scores.objects.filter(sx__gt=60, xm__startswith="李")
>>>ds=scores.objects.filter(sx__gt=60) & scores.objects.filter(xm__startswith="李")
```

- |运算

例如，下面的命令返回 yw 或 sx 字段大于 90 的数据行。

```
>>> ds=scores.objects.filter(Q(sx__gt=90) | Q(yw__gt=90))
```

等价于：

```
ds=scores.objects.filter(sx__gt=90) | scores.objects.filter(yw__gt=90)
```

4.3 索引

索引是数据库表中对一列或多列的值进行排序的一种结构。默认情况下，Django 为模型的主键和外键创建索引。通常，索引可以大大提高表的查询、更新和删除速度，但会降低表的插入速度。

4.3.1 使用字段选项创建索引

与索引有关的字段选项如下。
- db_index：为 True 时，为字段创建索引。
- primary_key：为 True 时，字段为模型的主键，为字段创建索引。
- unique：为 True 时，为字段创建唯一索引。unique_for_date、unique_for_month 和 unique_for_year 等选项与 unique 类似。

下面的代码使用字段选项为模型创建索引。

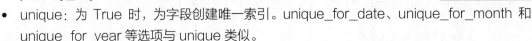

V4-12 使用字段选项创建索引

```
#chapter4\chapter4\faqs\models.py
from django.db import models
......
class test1(models.Model):
    field1=models.CharField(max_length=200,db_index=True)   #为字段创建普通索引
    field2=models.CharField(max_length=200,unique=True)     #为字段创建唯一索引
```

4.3.2 在 Meta 子类中定义索引

模型的 Meta 子类用于为模型定义描述相关属性的元数据。Meta 类的 indexes 选项用于为模型定义索引。

例如，下面的代码为模型创建索引。

V4-13 在 Meta 子类中定义索引

```
#chapter4\chapter4\faqs\models.py
from django.db import models
......
class test2(models.Model):
    field1=models.CharField(max_length=200)
    field2=models.CharField(max_length=200)
    class Meta:
        indexes = [models.Index(fields=['field1'],name='idx_field1')]   #定义索引
```

参数 fields 设置用于创建索引的字段，参数 name 设置索引名称。如果需要创建基于多个字段的索引，可在参数 fields 中包含多个字段名称，例如，fields=['field1', 'field2']。

在模型的 Meta 子类中，还可使用 unique_together 属性创建组合唯一索引。组合唯一索引要求多个字段的组合值在表中唯一。

为模型创建组合唯一索引的代码如下。

```
#chapter4\chapter4\faqs\models.py
from django.db import models
......
class test3(models.Model):
    field1=models.CharField(max_length=200)
    field2=models.CharField(max_length=200)
    class Meta:
        unique_together=('field1','field2')                 #创建组合唯一索引
```

4.4 特殊查询表达式

Django 提供一些内置表达式来完成特殊操作，如 F()表达式、数据库函数表达式、Subquery()表达式、Exists()子查询以及原始 SQL 表达式等。

V4-14 将数据导入 SQLite 数据库

4.4.1 准备实例数据

CSV 文件 scores.csv 包含了本章后续实例将要使用的数据，如图 4-9 所示。

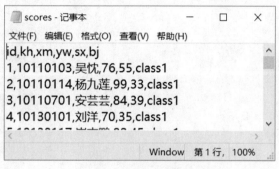

图 4-9 实例数据

要在实例中使用这些数据，首先需要在 models.py 文件中添加模型定义，然后将模型迁移到数据库，最后将 scores.csv 文件中的数据导入数据表。具体操作步骤如下。

（1）访问 SQLite 官网，下载 SQLite 命令行工具安装压缩包 sqlite-tools-win32-x86-3280000.zip。将压缩包解压到本地磁盘，例如 D:\sqlitet。

（2）按【Windows+I】组合键，打开系统设置窗口。在搜索框中输入"环境变量"，如图 4-10 所示。

图 4-10 搜索环境变量

（3）在匹配列表中选择"编辑系统环境变量"选项，打开"系统属性"对话框。
（4）单击系统属性对话框右下角的"环境变量"按钮，打开"环境变量"对话框。
（5）双击系统变量列表中 Path 变量，打开"编辑环境变量"对话框。

(6)单击对话框右侧的"新建"按钮,添加新的变量,输入 SQLite 的文件夹路径,如图 4-11 所示。

图 4-11 添加 SQLite 系统变量路径

(7)单击"确定"按钮关闭各个对话框。
(8)在 Visual Studio 中选择"文件\打开\文件夹"命令,打开本章项目文件夹 chapter4。
(9)为应用 faqs 中的 models.py 文件添加模型定义,代码如下。

```
#chapter4\chapter4\faqs\models.py
from django.db import models
……
class scores(models.Model):          #定义模型
    kh=models.CharField(max_length=8)
    xm=models.CharField(max_length=8)
    yw=models.SmallIntegerField()
    sx=models.SmallIntegerField()
    bj=models.CharField(max_length=8)
```

(10)打开 Windows 命令提示符窗口,切换到项目 chapter4 的根目录,执行下面的命令,完成数据库迁移操作。

```
E:chapter4\>python manage.py makemigrations       #准备迁移
E:chapter4\>python manage.py migrate              #完成迁移
```

(11)执行下面的命令打开项目数据库,进入 SQLite 命令交互环境。

```
E:chapter4\>sqlite3 db.sqlite3
SQLite version 3.28.0 2019-04-16 19:49:53
```

```
Enter ".help" for usage hints.
sqlite>
```

（12）执行下面的命令，将英文逗号设置为 CSV 文件中的字段分隔符。

```
sqlite>.separator ','
```

（13）执行下面的命令，将 CSV 文件 scores.csv 中的数据导入 faqs_scores 表。

```
sqlite>.import scores.csv faqs_scores
```

项目的 faqs 应用中的 scores 在数据库中的表名称为 faqs_scores。在 SQLite 命令交互环境中，用数据库中的表名称访问表。在 Django 项目中，则通过模型 scores 来访问 faqs_scores 表。

4.4.2 F()表达式

V4-15 F()表达式

F()表达式用于引用数据库中的字段值，并使用它们直接在数据库中完成操作，而不会将字段值从数据库读取到 Python 内存中。

例如，要将 faqs_scores 表中 kh 为"10110103"的 yw 字段增加 10，传统方法如下。

```
>>> from faqs.models import scores
>>> d=scores.objects.get(kh='10110103')
>>> d.yw=d.yw+10                    #获取 yw 字段值，加上 10 后赋值给字段
>>> d.save()                        #将更改存入数据库
```

传统方法在增加字段值时，需要先将字段值从数据库读取到 Python 内存中，修改后再调用 save()方法将更改后的数据写回数据库。

使用 F()表达式来完成数据修改的命令如下。

```
>>> from faqs.models import scores
>>> from django.db.models import F
>>> d=scores.objects.get(kh='10110103')
>>> d.yw=F('yw')+10                 #更新字段
>>> d.save()                        #将更改存入数据库
```

使用 F()表达式修改数据后，要获得更新后的值，需要重新加载对象，示例代码如下。

```
>>> d=scores.objects.get(kh='10110103')
```

或者：

```
>>> d.refresh_from_db()
```

F()表达式还可在过滤器中使用。例如，下面的命令获得 yw 和 sx 字段值相等的数据行。

```
>>> ds=scores.objects.filter(yw=F('sx'))
>>> for a in ds:
...     print(a.id,a.kh,a.xm,a.yw,a.sx)
...
12 10130528 向军 95 95
48 10330509 周子棚 70 70
59 10351105 封舒宁 88 88
```

4.4.3 数据库函数表达式

在查询表达式中可使用数据库函数，如 Left、Length、Right 等，示例代码如下。

V4-16 数据库函数表达式

```
>>> from django.db.models.functions import Left
>>> ds=scores.objects.annotate(first_name=Left('xm',1))
>>> ds[0].first_name,ds[0].xm
('吴', '吴忱')
```

读者可从 Django 文档或数据库文档中获取关于数据库函数的详细信息。

4.4.4 Subquery()表达式

Subquery()表达式用于创建 SQL 子查询。例如，下面的代码输出 yw 字段值大于平均值的最后 3 人的数据。

V4-17 Subquery()表达式

```
>>> from django.db.models import Avg,Subquery
>>> ywavg=scores.objects.aggregate(Avg('yw')) #计算平均成绩
>>> subq=scores.objects.filter(yw__gt=ywavg['yw__avg']).order_by('yw')  #排序返回大于平均成绩的数据
>>> top3=scores.objects.filter(id__in=Subquery(subq.values('id')[:3]))  #获得当前 yw 最小的 3 人的数据
>>> for a in top3:
...     print(a.id,a.kh,a.xm,a.yw,a.sx,a.bj,sep='\t')
...
43      10310323        伍昌明    74      0       class3
54      10350409        周亮      74      65      class3
59      10351105        封舒宁    74      88      class3
```

4.4.5 聚合函数

聚合函数用于执行汇总计算，如计算最大值、最小值、平均值等。Django 提供的聚合函数如下:

V4-18 聚合函数

- Avg：求平均值。
- Count：求数量。
- Max：求最大值。
- Min：求最小值。
- StdDev：求标准差。
- Sum：求和。
- Variance：求差额。

聚合函数通常作为 aggregate()方法的查询表达式使用。例如，下面的命令返回 yw 字段的平均值、最大值和最小值。

```
>>> from faqs.models import scores
>>> from django.db.models import Avg,Max,Min
>>> scores.objects.aggregate(Avg("yw"),Max("yw"),Min("yw"))
{'yw__avg': 48.693548387096776, 'yw__max': 118, 'yw__min': 0}
```

默认情况下，返回的汇总值字段名为"汇总字段名__小写的聚合函数名"。可以在查询表达式中指定返回的字段名，示例代码如下。

```
>>>scores.objects.aggregate(ywavg=Avg("yw"),ywmax=Max("yw"),ywmin=Min("yw"))
{'ywavg': 48.693548387096776, 'ywmax': 118, 'ywmin': 0}
```

可结合使用 values()和 annotate()方法，实现分类汇总，即实现 SQL 中 group by 的功能。例如，按 bj 分类计算 yw 和 sx 字段平均值。

```
>>> ds=scores.objects.values("bj").annotate(Avg("yw"),Avg("sx"))
>>> for a in ds:
...   print(a["bj"],a["yw__avg"],a["sx__avg"])
...
class1 48.0 78.29411764705883
class2 44.333333333333336 73.52380952380952
class3 52.166666666666664 70.20833333333333
```

在分类汇总时，应注意 values()方法总是在 annotate()方法之前。若 values()方法放在 annotate()方法之后，则返回包含指定列字典对象的查询集，示例代码如下。

```
>>> ds=scores.objects.annotate(Avg("yw"),Avg("sx")).values("bj")
>>> print(ds[0],ds[1],ds[2])
{'bj': 'class1'} {'bj': 'class1'} {'bj': 'class1'}
```

4.4.6 原始 SQL 表达式

原始 SQL 表达式可完成一些比较复杂的查询。django.db.models.expressions 模块中的 RawSQL 类用于构造原始 SQL 表达式。

V4-19 原始 SQL 表达式

例如，下面的命令计算 scores 表中 yw 字段值不小于 90 的数量，并按 yw 字段值从高到低输出前 4 名学生的信息。

```
>>>from django.db.models.expressions import RawSQL
>>>ds=scores.objects.all().annotate(ywgt90=RawSQL("select count(*) from faqs_scores where yw>=%s",(90,)))
>>> for a in ds.order_by("-yw")[:4]:
...   print(a.xm,a.yw,a.ywgt90)
...
张慧贤 118 3
杜洋 107 3
向军 95 3
奉芸龙 89 3
```

4.5 执行原始 SQL 查询

Django 提供了两种执行原始 SQL 查询的方法：用模型管理器的 raw()方法执行原始 SQL 查询并返回模型实例，或者不使用模型直接执行原始 SQL。建议使用模型完成数据库访问，直接使用原始 SQL 存在 SQL 注入风险。

4.5.1 用 raw()方法执行原始 SQL

V4-20 用 raw()方法执行原始 SQL

raw()方法通常用于执行 SQL 中的 select 查询，该方法的返回结果是一个 RawQuerySet 对象实例。RawQuerySet 对象可用于迭代、计算长度、索引等操作。

1. 执行简单查询

例如：

```
>>> from faqs.models import scores
>>> ds=scores.objects.raw("select * from faqs_scores where yw>90 and sx>90")
>>> ds                                      #查看对象类型
<RawQuerySet: select * from faqs_scores where yw>90 and sx>90>
>>> for a in ds:                            #迭代 RawQuerySet
...     print(a.id,a.kh,a.yw,a.sx)          #访问对象数据，此时从数据库检索数据
...
12 10130528 95 95
>>> len(ds)                                 #计算长度
1
>>> print(ds[0].id,ds[0].xm)                #索引 RawQuerySet
12 向军
```

raw()方法执行 SQL 命令时，会延迟执行数据库操作，只有在访问对象数据时，才会从数据库检索数据。

2. 为查询提供参数

可通过 raw()方法的第 2 个参数为查询提供参数，示例代码如下。

```
>>> ds=scores.objects.raw("select * from faqs_scores where kh=%s",['10110103'])
>>> print(ds[0].id,ds[0].xm)
1 吴忱
```

在 raw()方法的 SQL 查询字符串中，用%s 作为参数占位符，对应的参数应放在列表中。当参数是字符串时，不需要在查询字符串中为参数占位符添加引号，Django 会自动处理参数中的字符串。

3. 添加计算字段

可以在 SQL 查询字符串中使用表达式添加计算字段，模型对象会将计算字段作为注释字段处理。例如，下面的命令返回 yw 和 sx 字段值的和。

```
>>> ds=scores.objects.raw("select id,yw,sx,yw+sx as total from faqs_scores limit 3")
>>> for a in ds:
...     print(a.id,a.xm,a.yw,a.sx,a.total)
...
1 吴忱 85 76 161
2 杨九莲 33 99 132
3 安芸芸 39 84 123
```

注意，尽管在查询字符串中指定了输出字段，但 raw()方法仍然会从数据库返回模型的所有字段，查询结果中出现的模型未定义的字段将作为注释字段处理，类似于 annotate()方法。

4. 执行 insert、update 和 delete 等 SQL 命令

raw()方法也可以执行 SQL 中的 insert、update 和 delete 命令，示例代码如下。

```
>>> from faqs.models import faqsdata
>>> d=faqsdata.objects.raw("update faqs_faqsdata set answer=%s where id=3",['raw 修改'] )
>>> d.query._execute_query()        #立即执行查询命令
>>> d=faqsdata.objects.raw("insert into faqs_faqsdata(question,answer) values('测试1','测试1答案')")
>>> d.query._execute_query()
>>> d=faqsdata.objects.raw("delete from  faqs_faqsdata where id=6" )
>>> n=d.query._execute_query()
```

调用 raw()方法时，参数中的 SQL insert、update 和 delete 等命令不会立即执行查询，调用 RawQuerySet 对象的 query 属性的_execute_query()方法时才会执行查询，使数据库操作生效。

4.5.2 直接执行原始 SQL

Django 提供了不使用模型访问数据库的方法，基本步骤如下。

（1）调用 django.db.connection.cursor()方法获得一个游标对象。django.db.connection 对象代表默认数据库连接。

（2）调用游标对象的 execute(sql, [params])方法执行 SQL 命令。

（3）调用游标对象的 fetchone()或 fetchall()方法返回数据。

1. 执行 SQL select 命令

下面的命令输出 faqs_faqsdata 表中的数据。

```
>>> cursor=connection.cursor()
>>> cursor.execute("select * from faqs_faqsdata")
<django.db.backends.sqlite3.base.SQLiteCursorWrapper object at 0x000001FA57C233A8>
>>> for a in cursor.fetchall():
...     print(a[0],a[1],a[2])
...
3 bbb test
4 test3 test3
5 aaa test8
```

fetchall()方法返回包含全部数据的列表，数据库中的每行数据对应一个元组，示例代码如下。

```
>>> a=cursor.execute("select * from faqs_faqsdata")
>>> a.fetchall()
[(3, 'bbb', 'test'), (4, 'test3', 'test3'), (5, 'aaa', 'test8')]
```

fetchone()方法返回当前数据行，调用一次方法会使下一个数据行成为当前行，示例代码如下。

```
>>> a=cursor.execute("select * from faqs_faqsdata")
>>> a.fetchone()
(3, 'bbb', 'test')
>>> a.fetchone()
(4, 'test3', 'test3')
>>> a.fetchone()
(5, 'aaa', 'test8')
```

可以在查询字符串中用参数占位符指定参数。例如，下面的命令返回 answer 字段不包含字符

串"test"的数据。

```
>>> a=cursor.execute("select * from faqs_faqsdata where answer not like %s",['%test%'])
>>> a.fetchall()
[(3, 'bbb', 'test'), (5, 'aaa', 'test8')]
```

2. 执行 insert、update 和 delete 等 SQL 命令

下面的命令为 faqs_faqsdata 表添加一条记录，并进行修改，最后将其删除。

```
>>> a=cursor.execute("insert into faqs_faqsdata(question,answer) values('如何获取全部数据','fetchall()')")                        #添加数据
>>> cursor.execute("select * from faqs_faqsdata").fetchall()                #查看全部数据
[(3, 'bbb', 'test'), (4, 'test3', 'test3'), (5, 'aaa', 'test8'), (7, 'fetchall()', '如何获取全部数据')]
>>> a=cursor.execute("update faqs_faqsdata set question='测试' where id=7")  #修改数据
>>> cursor.execute("select * from faqs_faqsdata where id=7").fetchall()     #查看修改后的数据
[(7, 'fetchall()', '测试')]
>>> a=cursor.execute("delete from faqs_faqsdata where id=7")                #删除数据
>>> cursor.execute("select * from faqs_faqsdata ").fetchall()
[(3, 'bbb', 'test'), (4, 'test3', 'test3'), (5, 'aaa', 'test8')]
```

3. 关闭游标

调用 close()方法可关闭游标，释放被占用的系统资源，示例代码如下。

```
>>> cursor.close()           #关闭游标
```

4.6 关系

在处理多个数据表时，会使用表之间的关联关系。Django 支持 3 种常见关系：多对一（或称"一对多"）、多对多和一对一。

4.6.1 多对一关系

多对一关系指关联的两个表中，"多"方表中有多条记录与"一"方表中的一条记录关联。例如，学生和班级之间的关系是多对一关系，多个学生属于一个班级。

V4-22 多对一关系

1. 定义多对一关系

多对一关系使用 models.ForeignKey 字段进行定义，示例代码如下。

```
class banj(models.Model):                                #班级模型，关系的"一"方
    mc=models.CharField(max_length=8)                    #班级名称
    def __str__(self):
        return self.mc
class xues(models.Model):                                #学生模型，关系的"多"方
    xm=models.CharField(max_length=8)                    #学生姓名
    bj=models.ForeignKey(banj,on_delete=models.CASCADE)  #外键，关联班级
    def __str__(self):
        return "%s %s" % (self.xm,self.xh)
```

学生模型 xues 和班级模型 banj 构成多对一关系。

在 SQLite 命令行，查看学生模型 xues 对应的 faqs_xues 表的创建命令，代码如下。

```
sqlite> .schema faqs_xues
CREATE TABLE IF NOT EXISTS "faqs_xues" (
"id" integer NOT NULL PRIMARY KEY AUTOINCREMENT,
"xm" varchar(8) NOT NULL,
"bj_id" integer NOT NULL REFERENCES "faqs_banj" ("id")
DEFERRABLE INITIALLY DEFERRED);
CREATE INDEX "faqs_xues_bj_id_f7ff1166" ON "faqs_xues" ("bj_id");
```

可以看到，Django 为学生模型 xues 创建了一个 bj_id 字段，该字段保存关联的班级记录的 id 字段值。

默认情况下，Django 按 id 字段建立两个模型的关联关系。也可在定义 ForeignKey 字段时，用 to_field 参数指定关联字段。

ForeignKey 字段的 on_delete 参数用于设置在删除多对一关系中"一"方对象时，如何处理"多"方中的关联对象。各参数值的含义如下。

- CASCADE：级联删除"多"方的关联对象。
- PROTECT：保护模式，当"多"方存在关联对象时，不允许删除"一"方对象，此时会触发 ProtectedError 异常。
- SET_NULL：允许删除"一"方对象，同时将 ForeignKey 字段设置为 null，这要求在定义时将 ForeignKey 字段的 null 选项设置为 True。
- SET_DEFAULT：允许删除"一"方对象，同时将 ForeignKey 字段设置为默认值，这要求在定义时为 ForeignKey 字段设置默认值。
- SET()：执行删除操作时，调用 SET()方法指定的函数。

2. 创建关联对象和关系

创建班级对象：

```
>>> from faqs.models import banj
>>> b=banj(mc="2019 级 1 班")
>>> b2=banj(mc="2019 级 2 班")
>>> b.save()                        #保存，将对象数据存入数据库
>>> b2.save()
```

在 SQLite 命令行查看添加的数据：

```
sqlite> select * from faqs_banj;
1|2019 级 1 班
2|2019 级 2 班
```

创建学生对象：

```
>>> from faqs.models import xues
>>> x=xues(xm='张三',bj=b)          #创建对象，并建立关联
>>> x.save()
>>> x2=xues(xm='李四',bj=b2)
>>> x2.save()
```

在 SQLite 命令行查看添加的数据：

```
sqlite> select * from faqs_xues;
1|张三|1
2|李四|2
```

引用关联对象时，关联对象应该先保存（保存后关联对象才有 id 值），否则会触发 ValueError 异常，示例代码如下。

```
>>> b3=banj(mc="2019级3班")         #创建对象，未保存
>>> x3=xues(xm='王五',bj=b3)          #引用未保存的对象
>>> x3.save()                                        #保存时发生异常
Traceback (most recent call last):
  File "<console>", line 1, in <module>
  File "D:\Python37\lib\site-packages\django\db\models\base.py", line 670, in save
    "unsaved related object '%s'." % field.name
ValueError: save() prohibited to prevent data loss due to unsaved related object 'bj'.
```

可通过学生对象访问关联的班级对象，示例代码如下。

```
>>> b3=x2.bj
>>> b3.id,b3.mc
(2, '2019级2班')
```

通过班级创建学生：

```
>>> x3=b.xues_set.create(xm="韩梅梅")
>>> x3.id,x3.xm,x3.bj.id,x3.bj.mc
(3, '韩梅梅', 1, '2019级1班')
```

在这里，b.xues_set 用于访问关联对象的模型管理器。由于通过班级对象创建了关联学生对象，因此学生默认属于当前班级。

3. 创建或更改关系

可调用 add()方法创建关系，或者更改原有的关系，示例代码如下。

```
>>> b2.xues_set.add(x3)                           #更改关系
>>> x3.id,x3.xm,x3.bj.id,x3.bj.mc
(3, '韩梅梅', 2, '2019级2班')
>>> b2.xues_set.all()                              #查看班级关联的学生
<QuerySet [<xues: 李四>, <xues: 韩梅梅>]>
```

在调用 add()方法时，Django 会调用查询集的 update()方法更新对象的关联字段。本例中将 x3.bj.id 从 1 修改为 3。如果对象之前没有建立关系，add()方法会创建新关系。

4. 删除关系

可调用 remove()方法删除对象之间的关系，示例代码如下。

```
>>> b2.xues_set.remove(x3)                       #删除关系
>>> b2.xues_set.all()
<QuerySet [<xues: 李四>]>
```

删除关系后，对象的关联字段 x3.bj 被设置为 None，数据库表中的 bj_id 字段值被设置为 NULL。也可直接将关联字段设置为 None 来删除关系，示例代码如下。

```
>>> x3.bj=None
```

注意，只有在定义时将 ForeignKey 字段的 null 选项设置为 True 时，才允许删除关系。删除关系后，在没有从数据库更新数据前，关联对象保留删除之前的数据，示例代码如下。

```
>>> x3.id,x3.xm,x3.bj.id          #删除关联关系后，此时访问的是之前的数据
(3, '韩梅梅', 2)
>>> x3=xues.objects.get(id=3)     #从数据库获取最新数据
>>> x3.id,x3.xm,x3.bj
(3, '韩梅梅', None)
```

还可调用 clear()方法删除全部关系，示例代码如下。

```
>>> b2.xues_set.clear()           #删除全部关联关系
>>> b2.xues_set.all()             #查看关联数据
<QuerySet []>
```

5. 替换关联对象集合

set()方法可用指定的对象列表替换原有的关联对象集合，示例代码如下。

```
>>> b2.xues_set.add(x3)
>>> b2.xues_set.all()                    #现有关联对象
<QuerySet [<xues: 韩梅梅>]>
>>> x2=xues.objects.get(id=2)            #获取对象
>>> x2
<xues: 李四>
>>> x4=xues.objects.create(xm="李雷")    #创建新对象
>>> b2.xues_set.set([x2,x4])             #替换关联对象
>>> b2
<banj: 2019 级 2 班>
>>> b2.xues_set.all()                    #查看替换后的关联对象
<QuerySet [<xues: 李四>, <xues: 李雷>]>
```

注意，add()、create()、remove()、clear()和 set()等方法直接作用于数据库，不需要为关联对象调用 save()方法。

6. 跨关系查询

Django 允许跨关系查询，示例代码如下。

```
>>> xues.objects.filter(bj__mc="2019 级 2 班")        #查询关联模型的 mc 字段
<QuerySet [<xues: 李四>, <xues: 韩梅梅>, <xues: 李雷>]>
```

还可以跨关系反向查询，示例代码如下。

```
>>> banj.objects.filter(xues__xm__contains="李")      #查询关联模型的 xm 字段
<QuerySet [<banj: 2019 级 2 班>, <banj: 2019 级 2 班>]>
```

跨关系反向查询时，找到一个匹配的关联学生，就会返回一个班级对象，所以上面的例子中返回了重复的班级对象。

4.6.2 多对多关系

多对多关系指关联的两个表中，任意一方表中的一条记录都与另一方表中的

V4-23 多对多关系

多条记录关联。例如，学生和社团之间的关系是多对多关系，一个学生可以加入多个社团，一个社团允许多个学生加入。

1. 定义多对多关系

多对多关系使用 models.ManyToManyField 字段进行定义，示例代码如下。

```python
class shet(models.Model):                              #社团模型
    mc=models.CharField(max_length=8)                  #社团名称
    def __str__(self):
        return self.mc
class stus(models.Model):                              #学生模型
    xm=models.CharField(max_length=8)                  #学生姓名
    shets=models.ManyToManyField(shet)                 #外键，关联社团
    def __str__(self):
        return self.xm
```

Django 会为多对多关系创建一个中间表来保存关联关系，本例的中间表名称为 faqs_stus_shets。在 SQLite 命令行查看 faqs_stus_shets 的定义语句，代码如下。

```
sqlite> .schema faqs_stus_shets
CREATE TABLE IF NOT EXISTS "faqs_stus_shets" ("id" integer NOT NULL PRIMARY KEY AUTOINCREMENT, "stus_id" integer NOT NULL REFERENCES "faqs_stus" ("id") DEFERRABLE INITIALLY DEFERRED, "shet_id" integer NOT NULL REFERENCES "faqs_shet" ("id") DEFERRABLE INITIALLY DEFERRED);
CREATE UNIQUE INDEX "faqs_stus_shets_stus_id_shet_id_7f4f9d00_uniq" ON "faqs_stus_shets" ("stus_id", "shet_id");
CREATE INDEX "faqs_stus_shets_stus_id_af34c01c" ON "faqs_stus_shets" ("stus_id");
CREATE INDEX "faqs_stus_shets_shet_id_7610a13d" ON "faqs_stus_shets" ("shet_id");
```

可以看到，中间表 faqs_stus_shets 的 stus_id 字段保存学生对象 id，shet_id 保存社团对象 id。唯一索引 faqs_stus_shets_stus_id_shet_id_7f4f9d00_uniq 限制了在中间表内学生对象 id 和社团对象 id 不能重复，即一个学生只能加入一个社团一次，不能重复加入。

2. 创建关联对象和关系

使用模型构造函数或用 create()方法创建社团对象，示例代码如下。

```python
>>> from faqs.models import shet,stus
>>> s1=shet(mc="柔道社")
>>> s1.save()
>>> s2=shet(mc="文学社")
>>> s2.save()
>>> s3=shet.objects.create(mc="动漫社")
```

使用模型构造函数或用 create()方法创建学生对象，在创建完对象后创建关系关联社团，示例代码如下。

```python
>>> x1=stus(xm='李雷')
>>> x1.save()
>>> x1.shets.add(s1,s2)          #将学生对象与多个社团建立关联
>>> x1.shets.add(s3)             #添加一个社团关联
>>> x1.shets.add(s2)             #重复添加不会复制关系
```

可以通过学生对象来创建社团对象，示例代码如下。

```
>>> x2=stus.objects.create(xm='刘明')              #创建学生对象
>>> x2.shets.all()                                #还未建立与任何社团的关联
<QuerySet []>
>>> x2.shets.create(mc="诗歌社")                   #创建社团并建立关联
<shet: 诗歌社>
>>> x2.shets.all()                                #查看关联
<QuerySet [<shet: 诗歌社>]>
```

通过现有的学生对象来创建社团对象时，会建立学生与社团间的关联关系，示例代码如下。

```
>>> x1.shets.all()                                #查看现有关联对象
<QuerySet [<shet: 柔道社>, <shet: 文学社>, <shet: 动漫社>]>
>>> x1.shets.create(mc="英语社")                   #创建社团并建立关系
<shet: 英语社>
>>> x1.shets.all()                                #查看现有关联对象
<QuerySet [<shet: 柔道社>, <shet: 文学社>, <shet: 动漫社>, <shet: 英语社>]>
```

对于学生对象，其 shets 属性用于引用关联的社团模型管理器，通过管理器的相关方法来获取关联的社团对象，示例代码如下。

```
>>> x1ss=x1.shets.all()
>>> for a in x1ss:
...     print(a.id,a.mc)
...
1 柔道社
2 文学社
3 动漫社
5 英语社
```

社团对象可通过 stus_set 属性来引用关联的学生模型管理器，示例代码如下。

```
>>> s=shet.objects.get(mc="文学社")
>>> s.stus_set.all()
<QuerySet [<stus: 李雷>]>
```

可通过调用 stus_set.add()方法来添加关系，示例代码如下。

```
>>> s.stus_set.add(x2)                            #添加关系
>>> s.stus_set.all()
<QuerySet [<stus: 李雷>, <stus: 刘明>]>
```

3．替换关联对象集合

可用 set()方法替换关联的对象集合，示例代码如下。

```
>>> x3=stus.objects.create(xm='张三')
>>> s.stus_set.set([x3])                          #替换关联对象集合
>>> s.stus_set.all()
<QuerySet [<stus: 张三>]>
```

4．删除关联

可以分别从多对多关系的两端删除关联，示例代码如下。

```
>>> s1.stus_set.remove(x1)                        #删除关联的学生
>>> x=stus.objects.get(xm="刘明")
>>> x.shets.remove(s)                             #删除关联的社团
```

5. 跨关系查询

多对多关系同样支持跨关系查询，示例代码如下。

```
>>> xs=stus.objects.filter(shets__mc__contains="诗歌")   #查询名称包含"诗歌"的社团关联的学生
>>> xs
<QuerySet [<stus: 刘明>]>
>>> ss=shet.objects.filter(stus__xm__contains="李")      #查询姓名包含"李"字的学生关联的社团
>>> ss
<QuerySet [<shet: 文学社>, <shet: 动漫社>, <shet: 英语社>]>
```

4.6.3 使用中间模型

使用 ManyToManyField 字段定义多对多关系时，如果仅指定关联模型，Django 会自动为多对多关系创建一个默认的中间表。可以在 ManyToManyField 字段中用 through 参数指定要使用的中间模型，Django 使用指定的模型来创建中间表。

在中间模型中，除了 ForeignKey 字段外，还可以定义其他的字段，以便保存关系的相关数据。

V4-24 使用中间模型

1. 指定中间模型创建多对多关系

例如，下面的代码使用中间模型定义社团和学生模型之间的多对多关系。中间模型除了保存社团和学生模型的关系，还保存学生加入社团的时间。

```
class shet2(models.Model):                                              #社团模型
    mc=models.CharField(max_length=8)                                   #社团名称
    def __str__(self):
        return self.mc
class stus2(models.Model):                                              #学生模型
    xm=models.CharField(max_length=8)                                   #学生姓名
    shets=models.ManyToManyField(shet2,through='ssRelations')           #关联社团并指定中间模型
    def __str__(self):
        return self.xm
class ssRelations(models.Model):                                        #中间模型
    st=models.ForeignKey(shet2,on_delete=models.CASCADE,null=True)      #外键，关联社团模型
    stu=models.ForeignKey(stus2,on_delete=models.CASCADE,null=True)     #外键，关联学生模型
    jdate=models.DateField()                                            #保存加入社团的日期
```

2. 创建关联对象和关系

创建关联对象：

```
>>> from faqs.models import shet2,stus2,ssRelations
>>> x1=stus2.objects.create(xm="李雷")    #调用模型管理器 create()创建对象
>>> x2=stus2(xm="韩梅")                   #调用类构造函数创建对象，需执行保存操作
>>> x2.save()                             #保存，写入数据库
>>> s1=shet2.objects.create(mc="文学社")
```

通过中间模型对象创建关系：

```
>>> r1=ssRelations(st=s1,stu=x1,jdate=date.today())    #创建关系
>>> r1.save()
>>> s1.stus2_set.all()                                 #查看社团关联的学生
<QuerySet [<stus2: 李雷>]>
>>> x1.shets.all()                                     #查看学生关联的社团
```

```
<QuerySet [<shet2: 文学社>]>
>>> from datetime import date
>>> r2=ssRelations.objects.create(st=s1,stu=x2,jdate=date(2018,10,1))  #创建关系
>>> s1.stus2_set.all()
<QuerySet [<stus2: 李雷>, <stus2: 韩梅>]>
```

对于指定了中间模型的多对多关系，在调用关联对象的 add()、create()或 set()方法时，需使用 through_defaults 参数设置中间模型的必填字段值，示例代码如下。

```
>>> x3.shets.add(s1,through_defaults={'jdate': date(2019, 6, 11)})          #加入现有社团
>>> x3.shets.create(mc="武术社",through_defaults={'jdate': date(2019, 6, 12)})  #创建新社团并加入
<shet2: 武术社>
>>> x3.shets.all()
<QuerySet [<shet2: 文学社>, <shet2: 武术社>]>
>>> s3=shet2.objects.create(mc="动漫社")
>>> x3.shets.set([s3],through_defaults={'jdate': date.today()})             #替换关联对象集合
>>> x3.shets.all()
<QuerySet [<shet2: 动漫社>]>
```

注意，through_defaults 参数在 Django 2.2 版本中开始引入。低于 2.2 的 Django 版本不支持 through_defaults 参数，只能通过中间模型对象创建关系。

3. 删除关联

clear()方法可用于删除对象的所有关系，示例代码如下。

```
>>> s2=shet2.objects.get(mc="文学社")
>>> s2.stus2_set.all()                    #查看关联对象
<QuerySet [<stus2: 李雷>, <stus2: 韩梅>]>
>>> s2.stus2_set.clear()                  #删除所有关系
>>> s2.stus2_set.all()
<QuerySet []>
```

4. 跨关系查询

使用指定的中间模型时，同样支持跨关系查询，示例代码如下。

```
>>> for r in ssRelations.objects.all():                    #查看所有关系
...     print(r.st.mc,r.stu.xm,r.jdate)
...
动漫社 小明 2019-06-12
文学社 李雷 2019-05-12
文学社 韩梅 2019-06-12
>>> stus2.objects.filter(shets__mc__contains="文学")       #查询名称含有"文学"的社团的学生
<QuerySet [<stus2: 李雷>, <stus2: 韩梅>]>
>>> stus2.objects.filter(ssrelations__jdate__gt=date(2019,6,1))  #查询 2019-6-1 之后加入社团的学生
<QuerySet [<stus2: 小明>, <stus2: 韩梅>]>
```

4.6.4 一对一关系

V4-25 一对一关系

一对一关系指关联的两个表中，任意一方表中的一条记录只与另一方表中的一条记录关联。例如，学生和校园卡之间的关系是一对一关系，一个学生只能有一张校园卡，一张校园卡也只能属于一个学生。

1. 定义一对一关系

OneToOneField 字段用于定义一对一关系，示例代码如下。

```python
class stus3(models.Model):                                          #学生模型 3
    xm=models.CharField(max_length=8)                               #学生姓名
    def __str__(self):
        return self.xm
class cards(models.Model):                                          #校园卡模型
    no=models.CharField(max_length=8)                               #卡号
    stu=models.OneToOneField(stus3,on_delete=models.CASCADE)        #外键，关联学生模型 3
    def __str__(self):
        return "no=%s;stu_xm=%s" %(self.no,self.stu.xm)
```

2. 创建关联对象

例如：

```
>>> from faqs.models import cards,stus3
>>> x1=stus3(xm="李明")                           #创建对象 x1
>>> x1.save()                                     #保存
>>> x2=stus3.objects.create(xm="李雷")            #创建对象 x2 并保存
>>> c1=cards(stu=x1,no="2019001")                 #创建对象 c1
>>> c1.save()                                     #保存
>>> c2=cards.objects.create(stu=x2,no="2019002")  #创建对象 c2 并保存
```

3. 访问关联对象

一对一关系中，可通过 OneToOneField 字段访问关联对象，示例代码如下。

```
>>> c1.stu
<stus3: 李明>
```

关系另一端则通过模型名（小写）来访问关联对象，示例代码如下。

```
>>> x1.cards
<cards: no=2019001;stu_xm=李明>
```

4. 更改关系

可通过对象赋值更改关系，示例代码如下。

```
>>>x3=stus3.objects.create(xm="韩梅")
>>> c1.stu=x3
>>> c1.save()
>>> c1
<cards: no=2019001;stu_xm=韩梅>
```

x1 原与 c1 关联，更改 c1 关联对象之后，x1 不再与 cards 对象关联。试图访问 x1 的 cards 对象会触发异常，示例代码如下。

```
>>> x1.refresh_from_db()                          #从数据获取最新数据
>>> x1.cards                                      #会触发异常
Traceback (most recent call last):
  File "<console>", line 1, in <module>
  File "D:\Python37\lib\site-packages\django\db\models\fields\related_descriptors.py", line 415, in __get__
    self.related.get_accessor_name()
```

```
faqs.models.stus3.cards.RelatedObjectDoesNotExist: stus3 has no cards.
```

异常信息提示试图访问的关联对象不存在。

还可从关系的另一端来更改关系，示例代码如下。

```
>>> x1.cards=c1
>>> x1.save()
>>> c1
<cards: no=2019001;stu_xm=李明>
```

5. 删除关系

将关联对象设置为 None，可删除关系，示例代码如下。

```
>>> x1.cards=None
>>> x1.save()
```

或者：

```
>>> c1.stu=None
>>> x1.save()
```

4.7 实践：定义用户模型

V4-26 定义用户模型

一般的系统都会建立用户表来保存用户名、密码和权限等信息。本节综合应用本章讲解的知识，为第 1 章创建的 HelloWorld 项目定义一个用户模型。

具体操作步骤如下。

（1）用 Visual Studio 打开 HelloWorld 项目文件夹。

（2）在 Visual Studio 的解决方案资源管理器中，用鼠标右键单击 HelloWorld 项目的 HelloWorld 子文件夹，在弹出的快捷菜单中选择"添加\新建文件"命令。将文件命名为 models.py。

（3）修改 models.py 代码，定义系统用户模型，代码如下。

```
#chapter4\helloworld\helloworld\models.py
from django.db import models
class sysuser(models.Model):
    username=models.CharField(max_length=20,unique=True)    #用户名
    password=models.CharField(max_length=20)                #密码
```

（4）打开项目的 HelloWorld 子文件夹中的 settings.py 文件，为 INSTALLED_APPS 变量添加 HelloWorld 应用名称，代码如下。

```
INSTALLED_APPS = [
    ……
    'HelloWorld'
]
```

（5）在 Windows 命令窗口中切换到项目主目录，执行下面的命令完成数据库迁移操作。

```
python manage.py makemigrations
python manage.py migrate
```

（6）执行下面的命令，进入 Python 交互环境。

```
python manage.py shell
```

(7)执行下面的命令,添加两个用户。

```
>>> from HelloWorld.models import sysuser
>>> u1=sysuser(username='admins',password='123456')
>>> u1.save()
>>> sysuser.objects.create(username='adminstrator',password='123321')
<sysuser: sysuser object (2)>
```

(8)执行下面的命令,将用户 admins 的密码修改为"123abc"。

```
>>> u=sysuser.objects.get(username="admins")
>>> u.password='123abc'
>>> u.save()
```

(9)执行下面的命令,显示所有用户数据。

```
>>> for u in sysuser.objects.all():
...     print(u.id,u.username,u.password)
...
1 admins 123abc
2 adminstrator 123321
```

本章小结

本章首先简单介绍了 Django 模型的相关基础知识及操作,如定义模型、配置模型、迁移数据库和定义字段等。接着详细介绍了模型相关的数据操作、索引、特殊查询表达式、执行原始 SQL 查询以及关系等内容。

Django 默认支持 SQLite、MySQL、Oracle 和 PostgreSQL 等数据库。模型封装了数据库读写操作。不管使用哪种类型的数据库,模型的操作是一致的。当然,因为不同类型的数据库各具特色,对于某些特殊功能,模型操作可能会有所区别。

习 题

(1)请简要概述如何定义模型。
(2)请问要使用模型,应进行哪些必要的配置?
(3)请问数据库迁移包含哪些步骤?
(4)请定义模型,通过模型将表 4-4 和表 4-5 中的数据写入 SQLite 数据库。

V4-27 习题(4)

表 4-4 专业信息

招生代码	专业名称	层次	收费标准
101	初等教育	高起专	1850
102	会计	高起专	1850
501	财务管理	专升本	1850
502	土木工程	专升本	2050

表 4-5 录取信息

准考证号	姓名	录取专业
010150516	徐豪碧	101
010150919	段茜	102
010350508	范绿平	501
010550225	黄俊	502

第 5 章 视图

视图（View）是 Django 的 MTV 架构中的重要组成部分，它实现业务逻辑处理，决定如何处理用户请求和生成响应内容，并在 Web 页面或其他文档中显示响应结果。

本章要点
- 学会定义视图
- 学会处理请求和响应
- 学会在视图中使用模型
- 学会使用基于类的视图
- 学会使用内置视图

5.1 定义视图

Django 的视图也可称为视图函数，即用 Python 函数来定义视图。视图函数接受 Web 请求，函数返回值就是响应内容。响应的内容可以是网页的 HTML 代码、XML 文档、图像或者其他格式的内容。视图函数代码文件称为视图文件，文件名按惯例使用 views.py，当然也可以使用其他的文件名。视图文件放在项目的同名子文件夹或项目的应用文件夹中。

5.1.1 定义和使用视图

定义视图指在视图文件中实现完成业务逻辑处理的函数。例如，下面代码中的 showData 函数在 Web 页面中显示当前日期和从 URL 路径中获取的数据。

V5-1 定义和使用视图

```
#chapter5\chapter5\views.py
from django.http import HttpResponse
from datetime import date
def showData(request,urlData):
    d=date.today()
    s="URL 路径中的数据: %s<br>当前日期: %s" %(urlData,d)
    return HttpResponse(s)
```

首先，代码从 django.http 模块导入了 HttpResponse 类，从 datetime 模块导入了 date 类。

然后定义了一个名为 showData 的视图函数。Django 对视图函数名称没有特别的要求。Django 在调用视图函数时，会将一个 HttpRequest 对象作为第 1 个参数传递给函数，按惯例将其命名为 request，也可以使用其他合法的变量名。showData 函数的第 2 个参数 urlData 用于接收传递给函数的其他数据。

视图函数返回一个 HttpResponse 对象，它包含了视图生成的响应内容。本例中响应内容是一个包含了 HTML 代码的字符串。通常情况下视图函数返回一个 HttpResponse 对象，也可以返回其他的内容，如 HttpResponseNotFound 对象。

完成视图函数定义后，在 URL 配置文件中配置 URL 来访问该函数，示例代码如下。

```
#chapter5\chapter5\urls.py
from django.urls import path
from . import views                           #导入视图模块
urlpatterns = [
    path('test<urlData>', views.showData)     #将 URL 映射到视图函数
]
```

启动开发服务器测试项目，在浏览器中访问 http://127.0.0.1:8000/testbac123，视图输出结果如图 5-1 所示。

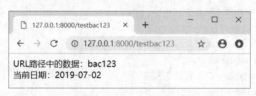

图 5-1　视图输出结果

5.1.2　返回错误

V5-2 返回错误

Django 可以返回 HTTP 状态码和状态描述信息。正常情况下，视图函数返回的 HttpResponse 对象的状态代码为 200，表示服务器正确处理了响应。Django 还提供了一系列 HttpResponse 子类来返回各种 HTTP 响应，如表 5-1 所示。

表 5-1　HttpResponse 子类

HttpResponse 子类	HTTP 状态码	说明
HttpResponsePermanentRedirect	301	返回永久重定向
HttpResponseRedirect	302	重定向到指定 URL
HttpResponseNotModified	304	表示自上次请求以来未修改页面
HttpResponseBadRequest	400	表示请求有错误
HttpResponseForbidden	403	表示禁止访问请求的内容
HttpResponseNotFound	404	表示未找到请求的内容
HttpResponseNotAllowed	405	表示禁止使用指定的请求方法
HttpResponseGone	410	表示访问请求的内容已经不存在
HttpResponseServerError	500	表示发生服务器内部错误

例如，下面的代码使用了各种 HttpResponse 子类返回各种 HTTP 响应。

```python
#chapter5\chapter5\views.py
from django.http import HttpResponseRedirect
from django.http import HttpResponsePermanentRedirect
from django.http import HttpResponseNotModified
from django.http import HttpResponseBadRequest
from django.http import HttpResponseNotFound
from django.http import HttpResponseForbidden
from django.http import HttpResponseNotAllowed
from django.http import HttpResponseGone
from django.http import HttpResponseServerError
……
def testHttpResponseRedirect(request):
    return HttpResponseRedirect("/admin")
def testHttpResponsePermanentRedirect(request):
    return HttpResponsePermanentRedirect("/admin")
def testHttpResponseNotModified(request):
    return HttpResponseNotModified()
def testHttpResponseBadRequest(request):
    return HttpResponseBadRequest("参数类型错误")
def testHttpResponseNotFound(request):
    return HttpResponseNotFound("未找到请求的内容")
def testHttpResponseForbidden(request):
    return HttpResponseForbidden("禁止访问请求的内容")
def testHttpResponseNotAllowed(request):
    return HttpResponseNotAllowed(['GET',],'不允许使用该方法')
def testHttpResponseGone(request):
    return HttpResponseGone("请求的内容已不存在")
def testHttpResponseServerError(request):
    return HttpResponseServerError("服务器处理出错了")
```

相应的 URL 配置如下。

```python
#chapter5\chapter5\urls.py
from django.urls import path
from django.contrib import admin
from . import views
urlpatterns = [
    ……
    path('admin', admin.site.urls),
    path('re', views.testHttpResponseRedirect),
    path('rep', views.testHttpResponsePermanentRedirect),
    path('notm', views.testHttpResponseNotModified),
    path('badr', views.testHttpResponseBadRequest),
    path('notf', views.testHttpResponseNotFound),
    path('forb', views.testHttpResponseForbidden),
    path('nota', views.testHttpResponseNotAllowed),
    path('gone', views.testHttpResponseGone),
    path('serror', views.testHttpResponseServerError),
]
```

启动开发服务器测试项目，在浏览器中访问 http://127.0.0.1:8000/serror，输出结果如图 5-2 所示。页面中显示了 HttpResponseServerError 响应信息。可以看到，为构造函数提供的字符串作为错误提示信息被显示在浏览器中。

图 5-2　HttpResponseServerError 响应

在运行开发服务器时，可在命令提示符窗口中看到如下的 HttpResponseServerError 响应日志信息。

```
Internal Server Error: /serror
[02/Jul/2019 06:23:17] "GET /serror HTTP/1.1" 500 24
```

其中的"Internal Server Error"说明响应信息是内部服务器错误，访问路径为"/serror"，错误代码为 500。

Django 并没有为所有的 HTTP 状态提供处理类。可以使用 status 参数为 HttpResponse 构造函数指定 HTTP 状态码，从而返回相应的响应，示例代码如下。

```
#chapter5\chapter5\views.py
from django.http import HttpResponse
……
def testStatusCode(request):
    return HttpResponse(status=401)
```

相应的 URL 配置如下。

```
path('code', views.testStatusCode),
```

在 Google Chrome 浏览器中访问 http://127.0.0.1:8000/code，输出结果如图 5-3 所示。注意，针对各种非正常 HTTP 响应（状态码不是 200 的响应），不同浏览器显示的页面内容可能有所不同。

图 5-3　Google Chrome 浏览器显示的 HTTP 401 响应信息

5.1.3 处理 Http404 异常

V5-3 处理 Http404 异常

HTTP 404 错误表示服务器未找到客户请求的内容，这是最常见的 HTTP 错误。为了方便用户处理 HTTP 404 错误，Django 提供了一个 Http404 异常类。可在代码中用 raise 语句抛出 Http404 异常，示例代码如下。

```
#chapter5\chapter5\views.py
from django.http import Http404
from django.http import HttpResponse
……
def testHttp404(request):
    raise Http404('亲：没有找到你需要的内容！')
    return HttpResponse("ok")
```

相应的 URL 配置如下。

```
path('test404', views.testHttp404),
```

在 Google Chrome 浏览器中访问 http://127.0.0.1:8000/test404，输出结果如图 5-4 所示。

图 5-4　Google Chrome 浏览器显示的 HTTP 404 响应信息

5.2　处理请求和响应

Django 使用 HttpRequest 对象处理 HTTP 请求，使用 HttpResponse 对象处理 HTTP 响应。HttpRequest 和 HttpResponse 类在 django.http 模块中定义。

接收到客户端响应时，Django 首先创建一个 HttpRequest 对象，该对象封装了请求相关的数据。然后 Django 调用匹配的视图函数，将 HttpRequest 对象传递给视图函数的第一个参数。视图函数负责返回一个 HttpResponse 对象，该对象封装了响应相关的数据。

5.2.1 获取请求数据

V5-4 获取请求数据

可用 HttpRequest 对象的下列属性获取客户端的请求数据。

- GET：返回一个类字典的对象，它封装了客户端使用 GET 方法上传的数据。
- POST：返回一个类字典的对象，它封装了客户端使用 POST 方法上传的数据。
- FILES：返回一个类字典的对象，它封装了客户端上传的所有文件。

例如，下面的代码在浏览器中输出 URL 中包含的数据。

```
#chapter5\chapter5\views.py
from django.http import HttpResponse
……
def showGetData(request):
    s='请求上传的数据: 姓名=%s, 年龄=%s' % (request.GET['name'],request.GET['age'])
    return HttpResponse(s)
```

浏览器会将采用 GET 方法上传的数据包含在 URL 中，所以可用 request.GET[参数名]来获取相应的数据。

相应的 URL 配置如下。

```
path('str/', views. showSomething),
```

在浏览器中访问"http://127.0.0.1:8000/get?name=张三&age=30"，结果如图 5-5 所示。URL 中的"name=张三&age=30"为采用 GET 方法上传的数据，name 和 age 为参数名，等号之后为参数值，参数对之间用&符号分隔。

图 5-5　输出 URL 中包含的数据

5.2.2　处理响应内容

HttpResponse 构造函数使用一个字符串参数来构造响应内容，示例代码如下。

V5-5 处理响应内容

```
return HttpResponse('<h1>一级标题</h1>')
```

默认情况下，响应内容为 HTML 格式。如果想返回其他格式的响应内容，可用 content_type 参数设置内容类型以及字符集，示例代码如下。

```
return HttpResponse('<h1>一级标题</h1>', content_type="text/plain;charset=utf-8")
```

"text/plain"表示内容为纯文本，"charset=utf-8"设置了内容的字符集。

可以使用 write()函数向 HttpResponse 对象添加内容，示例代码如下。

```
#chapter5\chapter5\views.py
from django.http import HttpResponse
……
def showSomething(request):
    r=HttpResponse('<h1>一级标题</h1>', content_type="text/plain;charset=utf-8")
    r.write('<p>第二段</p>')
    r.write('three')
    return r
```

相应的 URL 配置如下。

```
path('get/', views.showGetData),
```

在 Google Chrome 浏览器中访问"http://127.0.0.1:8000/str",结果如图 5-6 所示。

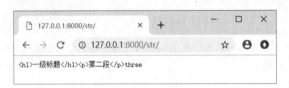

图 5-6 输出纯文本

5.2.3 文件附件

Django 允许将响应内容以文件附件的形式返回。要返回文件附件,需要设置 content_type 参数和 Content-Disposition 标头,示例代码如下。

V5-6 文件附件

```
#chapter5\chapter5\views.py
……
def downloadFile(request):
    r=HttpResponse('文件内容', content_type="text/text ;charset=utf-8")
    r['Content-Disposition'] = 'attachment; filename="test.txt"'
    r.write('\n<h1>test</h1>')
    return r
```

Content-Disposition 标头中的 attachment 表示内容作为附件传递,filename 设置默认文件名。

相应的 URL 配置如下。

```
path('down', views.downloadFile),
```

在 Edge 浏览器中访问 http://127.0.0.1:8000/down,会显示图 5-7 所示的提示。可以直接打开文件、保存文件或者取消下载。Google Chrome 浏览器会直接下载附件。

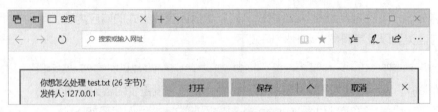

图 5-7 Edge 浏览器处理附件提示

单击"打开"按钮,可在记事本中查看文件内容,如图 5-8 所示。

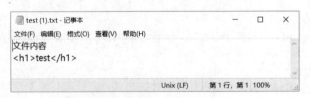

图 5-8 直接打开文件查看内容

如果使用 content_type 指定了响应内容类型，但未设置 Content-Disposition，浏览器将使用默认插件显示响应内容。例如，将前面代码中的 Content-Disposition 设置语句注释掉时，会直接在浏览器中显示数据，如图 5-9 所示。

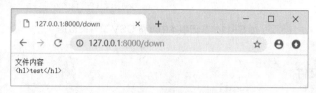

图 5-9　在浏览器中显示的响应内容

5.2.4　生成 CSV 文件

V5-7 生成 CSV 文件

使用 Python 的 csv 库，可以生成 CSV 格式的文件。生成 CSV 文件的基本步骤如下。

（1）创建 HttpResponse 对象，并设置 content_type 和 Content-Disposition。

（2）将 HttpResponse 对象作为 csv.writer() 的参数，创建 CSV 生成器。

（3）调用 CSV 生成器的 writerow()、writerows() 等方法向 HttpResponse 对象写入数据。

（4）返回 HttpResponse 对象。

例如：

```
#chapter5\chapter5\views.py
import csv
……
def writecsv(request):
    r=HttpResponse(content_type="text/text")
    r['Content-Disposition'] = 'attachment; filename="data.csv"'
    w=csv.writer(r)
    w.writerow(['one',1,3,5])
    w.writerow(['two','a''b','5',123])
    return r
```

相应的 URL 配置如下。

```
path('csv', views.writecsv),
```

在 Edge 浏览器中访问 http://127.0.0.1:8000/csv，会显示图 5-10 所示的提示。

图 5-10　文件下载提示

保存文件后，在记事本中查看数据，如图 5-11 所示。

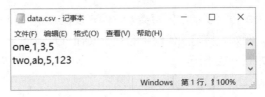

图 5-11 在记事本中查看 CSV 文件的数据

5.2.5 生成 PDF 文件

使用第三方的开源 Python 库 ReportLab，可以在 Django 视图中动态生成 PDF 文件。

V5-8 生成 PDF 文件

在 Windows 命令窗口中执行下面的命令安装 ReportLab 库。

```
D:\>pip install reportlab
```

下面的代码使用 ReportLab 库生成 PDF 文件。

```
#chapter5\chapter5\views.py
......
def writepdf(request):
    from reportlab.lib.units import cm
    from reportlab.pdfbase.ttfonts import TTFont
    from reportlab.pdfbase import pdfmetrics
    from reportlab.pdfgen import canvas
    from reportlab.lib.colors import red
    response = HttpResponse(content_type='application/pdf')
    response['Content-Disposition'] = 'attachment; filename="data.pdf"'
    pdfmetrics.registerFont(TTFont('songti','simsun.ttc'))   #注册中文字体，其文件在当前视图文件目录
    c = canvas.Canvas(response,pagesize=(10*cm,5*cm))        #生成指定大小的 PDF 画布
    c.setFont('songti',18)                                   #设置注册的中文字体，以便正常显示汉字
    c.setFillColor(red)                                      #设置颜色
    c.drawString(0.5*cm,4*cm, "Python Django Web 简明教程")  #在指定位置输出字符串
    c.showPage()                                             #结束当前页面
    c.save()                                                 #保存画布
    return response
```

相应的 URL 配置如下。

```
path('pdf', views.writepdf),
```

在 Edge 浏览器中访问 http://127.0.0.1:8000/pdf，会显示图 5-12 所示的提示。

图 5-12 文件下载提示

打开文件，其内容如图 5-13 所示。

在 Google Chrome 浏览器中访问"http://127.0.0.1:8000/pdf"，浏览器可直接显示 PDF 文件，如图 5-14 所示。

图 5-13　Django 输出的 PDF 文件内容

图 5-14　Goole Chrome 浏览器直接显示 PDF 文件内容

5.2.6　返回 JSON 字符串

V5-9 返回 JSON 字符串

JsonResponse 是 HttpResponse 的子类，用于封装 JSON 字符串响应，它将 Content-Type 的标头设置为 application/json。

例如，下面的代码向客户端返回一个 JSON 字符串。

```
#chapter5\chapter5\views.py
……
def writejson(request):
    r=HttpResponse(content_type="application/json;charset=utf-8")
    r.write({'name':'张三','data':[123,'abc']})
    return r
```

相应的 URL 配置如下。

```
path('json', views.writejson),
```

在浏览器中访问 http://127.0.0.1:8000/json，结果如图 5-15 所示。

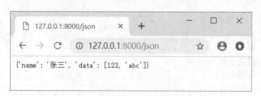
图 5-15　返回 JSON 字符串

修改 writejson 函数，使用 JsonResponse 封装响应，代码如下。

```
from django.http import JsonResponse
def writejson(request):
    return JsonResponse({'name':'张三','data':[123,'abc']})
```

虽然修改了 writejson 函数实现方式，但视图返回的响应结果不变。

5.2.7 使用响应模板

V5-10 使用响应模板

直接在视图中通过代码将内容写入响应，如果后期需要更改输出布局，则需要重新修改视图代码。这显然不利于代码维护。

使用 django.template.response 模块中的 TemplateResponse 类，可以使用模板来定义输出布局。

例如，下面的视图使用 TemplateResponse()构造函数构造响应。

```python
#chapter5\chapter5\views.py
from django.template.response import TemplateResponse
......
def useTemplateResponse(request):
    return TemplateResponse(request,'info.html',{'name':'张三','age':25})
```

模板文件 info.html 的代码如下。

```html
<!--chapter5\chapter5\templates\info.html-->
<html>
<head>
    <meta charset="utf-8" />
    <title>使用响应模板</title>
</head>
<body>
    <b>姓名：</b>{{name}}<br />
    <b>年龄：</b>{{age}}
</body>
</html>
```

默认情况下，模板文件应放在项目的应用的 templates 子文件夹中。

相应的 URL 配置如下。

```python
path('uset', views.useTemplateResponse),
```

在浏览器中访问 http://127.0.0.1:8000/uset，结果如图 5-16 所示。

图 5-16 使用模板生成的响应内容

5.2.8 重定向

V5-11 使用重定向

django.shortcuts 模块中的 redirect()方法用于快速创建重定向，其基本格式如下。

```python
redirect(to, *args)
```

参数 to 可以是模型中返回 URL 的方法、视图名称或 URL。
例如：

```
#chapter5\chapter5\views.py
from django.shortcuts import redirect
……
def useRedirect(request):
    return redirect(showData,urlData='123')#重定向到 5.1.1 节中定义的视图函数 showData
```

相应的 URL 配置如下。

```
path('redirect', views.useRedirect),
```

在浏览器中访问 http://127.0.0.1:8000/redirect，结果如图 5-17 所示。

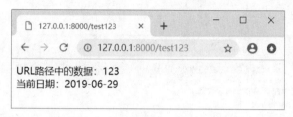

图 5-17　重定向到 showData 的结果

5.3　在视图中使用模型

视图不仅可以获取客户端上传的数据，还可以通过模型访问后台的数据库。

5.3.1　在视图中输出模型数据

本节定义一个模型，然后通过该模型访问数据库，具体操作步骤如下。

（1）在项目子文件夹 chapter5 中添加一个文件，命名为 modes.py，在该文件中定义模型，代码如下。

V5-12 在视图中输出模型数据

```
#chapter5\chapter5\models.py
from django.db import models
class user(models.Model):
    name=models.CharField(max_length=20)
    age=models.IntegerField()
```

（2）在 Windows 命令窗口中执行下面的命令完成数据库迁移操作。

```
D:\chapter5>python manage.py makemigrations chapter5
D:\chapter5>python manage.py migrate
```

（3）修改视图文件，定义一个函数将 URL 中的数据添加到数据库的 user 表，并将 user 表中的全部数据返回客户端，代码如下。

```
#chapter5\chapter5\views.py
from . import models
……
def useModels(request):
```

```
uname=request.GET['name']                    #获取客户端上传的 name
uage=request.GET['age']                      #获取客户端上传的 age
models.user.objects.create(name=uname,age=uage)   #通过模型对象将数据添加到 user 表
s="默认数据库中的 user 表数据：<br><table><tr><td>id</td><td>name</td><td>age</td></tr>"
for u in models.user.objects.all():          #输出 user 表全部数据
    s+="<tr><td>%s</td><td>%s</td><td>%s</td></tr>" %(u.id,u.name,u.age)
return HttpResponse(s+'</table>')
```

（4）修改 urls.py，添加访问视图的 URL 配置，代码如下。

```
path('model', views.useModels),
```

（5）启动开发服务器。在浏览器中访问"127.0.0.1:8000/model?name=张三&age=20"，再访问"127.0.0.1:8000/model?name=李四&age=30"，可在浏览器中看到添加的两条数据，如图 5-18 所示。

图 5-18　通过视图添加和查看数据

5.3.2　数据分页

django.core.paginator 模块中的 Paginator 类用于实现数据分页。

1. Paginator 对象

Paginator()构造函数用于创建 Paginator 对象（称为分页器），其基本格式如下。

V5-13　数据分页

```
from django.core.paginator import Paginator
paginator = Paginator(object_list, per_page, orphans = 0, allow_empty_first_page = True)
```

各参数含义如下。

- object_list：用于分页的对象集合，可以是查询集、元组、列表或者其他可分片对象（带有 count()或__len__()方法的对象）。必选参数。
- per_page：每页中允许的最大对象数。必选参数。
- orphans：用于控制最后一页的对象数。如果剩余的对象数小于或等于 orphans 值，则这些对象将被添加到上一页页面，并使其成为最后一页。可选参数，默认值为 0。
- allow_empty_first_page：是否允许第一页为空。可选参数，默认值为 True，即允许第一页为空。

Paginator 对象的常用属性如下。

- count：返回所有页面中的对象总数。
- num_pages：返回总页数。

- page_range：返回页码迭代器，页码从 1 开始。

例如：

```
>>> from django.core.paginator import Paginator
>>> objects=['abc','def','ghi',123,456,789]        #待分页对象集合
>>> p=Paginator(objects,2)                          #构造分页器，每页 2 个对象
>>> p.count
6
>>> p.num_pages
3
>>> p.page_range
range(1, 4)
```

Paginator 对象的常用方法如下。

- get_page(页码)：返回指定页的 Page 对象，页码从 1 开始。该方法可处理超出范围或无效的页码。如果给定页码不是数字，则返回第一页。如果给定页码小于 1 或大于总页数，则返回最后一页。
- page(页码)：返回指定页的 Page 对象，它不处理超出范围或无效页码。指定的页码无效时会触发 EmptyPage 异常。

例如：

```
>>> page1=p.get_page(1)        #获取 Page 对象
>>> page2=p.page(2)            #获取 Page 对象
```

2. Page 对象

Page 对象用于处理指定页。通常调用分页器的 page()或 get_page()方法获得 Page 对象。
Page 对象的属性如下。

- object_list：返回当前页的对象列表。
- number：返回当前页的页码。
- paginator：返回关联的 Paginator 对象。

例如：

```
>>> page2=p.page(2)
>>> page2.number
2
>>> page2.object_list
['ghi', 123]
>>> page2.paginator
<django.core.paginator.Paginator object at 0x000001A1D3CCE908>
>>> page2.paginator.count
6
```

Page 对象的方法如下。

- has_next()：有下一页时返回 True，否则返回 False。
- has_previous()：有上一页时返回 True，否则返回 False。
- has_other_pages()：有上一页或下一页时返回 True，否则返回 False。
- next_page_number()：返回下一页的页码。

- previous_page_number()：返回上一页的页码。
- start_index()：返回当前页中第一个对象在所有对象中的索引，索引从 1 开始。例如，总对象数为 6，每页包含 2 个对象，则第二页的 start_index()返回 3。
- end_index()：返回当前页中最后一个对象在所有对象中的索引。例如，总对象数为 6，每页包含 2 个对象，则第二页的 end_index()返回 4。

例如：

```
>>> page2.has_next(),page2.has_previous(),page2.has_other_pages()
(True, True, True)
>>> page2.next_page_number(),page2.previous_page_number()
(3, 1)
>>> page2.start_index(),page2.end_index()
(3, 4)
```

3．对模型数据分页

5.3.1 节中创建了 user 模型，其对应的 user 表数据如图 5-19 所示。

图 5-19　user 表数据

下面的代码实现了分页显示 user 表数据。

```
#chapter5\chapter5\views.py
from django.core.paginator import Paginator
……
def useModelsPaginator(request):
    objects=models.user.objects.all()              #获取模型全部数据
    pages=Paginator(objects,2)                     #创建模型分页器
    page_number = request.GET['page']              #获取请求的页码
    page = pages.get_page(page_number)             #获取指定页面
    list=page.object_list
    s="数据分页显示<hr><table><tr><td>id</td><td>name</td><td>age</td></tr>"
    for u in list:                                 #输出当前页数据
        s+="<tr><td>%s</td><td>%s</td><td>%s</td></tr>" %(u.id,u.name,u.age)
    s+="</table><hr/>"
    if(page.has_previous()):                       #创建上一页链接
        s+='<a href="/pages?page=%s">上一页</a> < ' % page.previous_page_number()
    s+='当前页：%s/%s' % (page.number,pages.num_pages)  #获得当前页码和总页数信息
    if(page.has_next()):                           #创建下一页链接
```

```
        s+=' > <a href="/pages?page=%s">下一页</a>'  % page.next_page_number()
    return HttpResponse(s)
```

访问视图的 URL 配置如下。

```
path('pages', views.useModelsPaginator),
```

在浏览器中访问 http://127.0.0.1:8000/pages?page=2，输出结果如图 5-20 所示。单击页面中的链接可切换数据页。

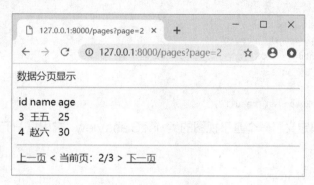

图 5-20　数据分页显示

5.4　基于类的视图

本章前面介绍的视图均使用函数来实现，可称之为基于函数的视图。基于函数的视图可以很好地实现特定业务逻辑，但不能对其进行扩展。基于类的视图指用类实现的视图，可通过定义其子类进行扩展。所有基于类的视图都是 django.views.View 的子类。

5.4.1　使用基于类的视图

典型的基于类的视图通常由 HTTP 请求处理方法实现，其基本结构如下。

V5-14 使用基于类的视图

```
from django.http import HttpResponse
from django.views import View
class MyViewName(View):                    #继承 View 类
    #类的属性定义
    ……
    #类的方法定义
    def get(self, request):                # HTTP GET 请求处理方法
        # 业务逻辑处理代码
        ……
        return HttpResponse('result')
    def post(self, request):               #HTTP POST 请求处理方法
        # 业务逻辑处理代码
        ……
        return HttpResponse('result')
```

其中，MyViewName 是自定义类的名称，它继承了 django.views.View。get()方法用于处理 HTTP GET 请求，post()方法用于处理 HTTP POST 请求。注意，get()和 post()的名称必须

小写。

用视图函数来处理 HTTP 请求，其基本结构如下。

```python
from django.http import HttpResponse
def MyFuncionName(request):
    #变量定义
    ……
    if request.method == 'GET':                #处理 HTTP GET 请求
        # 业务逻辑处理代码
        ……
        return HttpResponse('result')
    if request.method == 'POST':               #处理 HTTP POST 请求
        # 业务逻辑处理代码
        ……
        return HttpResponse('result')
```

例如，下面的代码定义了一个基于视图的类 useClassView，它根据 HTTP 请求方式的不同返回不同的响应内容。

```python
#chapter5\chapter5\views.py
from django.views import View
……
class useClassView(View):
    news="使用基于类的视图 useClassView"
    form='<form name="input" action="" method="post">' \
        +'请输入数据: <input type="text" name="data">' \
        +'<input type="submit" value="提交"></form> '
    def get(self, request):                    #响应 HTTP GET 请求
        out=self.news+'<br/>请求方法: GET<br/>'+self.form
        return HttpResponse(out)
    def post(self, request):                   #响应 HTTP POST 请求
        out=self.news+'<br/>请求方法: POST<br/>' \
            +'上传的数据为: '+request.POST['data']+self.form
        return HttpResponse(out)
```

useClassView 类相应的 URL 配置如下。

```python
path('useview', views.useClassView.as_view()),
```

Django 在解析 URL 时，如果 URL 与模式匹配，则调用相应的视图函数。在配置基于类的视图时，需将 URL 模式映射到视图类的 as_view()方法。

Django 处理视图类的基本步骤如下。

第一步：执行 as_view()方法，创建一个类的实例。

第二步：调用 setup()方法初始化实例的属性。

第三步：调用 dispatch()方法，根据 HTTP 请求方式（GET 或 POST 等）调用匹配的实例方法。如果没有匹配的实例方法，则返回 HttpResponseNotAllowed 响应。

在浏览器中访问 http://127.0.0.1:8000/useview，此时采用的是 GET 请求方式。视图调用 get()方法，页面中的输出结果如图 5-21 所示。

图 5-21　GET 方法请求结果

在页面输入框中输入任意数据，单击"提交"按钮提交数据。此时，页面会显示错误信息，如图 5-22 所示。

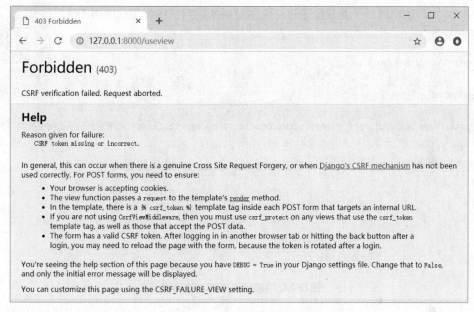

图 5-22　表单提交数据出错

本例中，表单的请求方式为 POST。默认情况，Django 强制要求所有的 HTTP POST 请求进行 CSRF 令牌验证。如果无法通过验证，则向客户端返回 HttpResponseForbidden 响应（状态码 403），提示 CSRF 校验失败。

如果不想执行 CSRF 令牌验证，可以调用 django.views.decorators.csrf.csrf_exempt()方法设置例外。本例不需要对表单执行 CSRF 校验，所以在 URL 配置中调用 csrf_exempt()方法设置例外，示例代码如下。

```
#chapter5\chapter5\urls.py
from django.views.decorators.csrf import csrf_exempt
……
urlpatterns = [
    ……
    path('useview', csrf_exempt(views.useClassView.as_view())),
]
```

修改 URL 配置后，刷新页面重新提交数据，表单提交数据不再出错，页面输出结果如图 5-23 所示。

图 5-23　POST 方法请求结果

5.4.2　设置视图类属性

Django 允许在配置基于类的视图时，在 as_view()方法中设置视图类的属性，示例代码如下。

```
#chapter5\chapter5\urls.py
......
urlpatterns = [
    ......
    path('useviewpara',csrf_exempt(views.useClassView.as_view(news='用指定属性值访问视图类'))),
]
```

V5-15 设置视图类属性

在浏览器中访问 http://127.0.0.1:8000/useviewpara，结果如图 5-24 所示。

图 5-24　用指定属性值访问视图类

5.4.3　扩展视图类

对视图类进行扩展，可重载类的属性和方法，示例代码如下。

V5-16 扩展视图类

```
#chapter5\chapter5\views.py
from django.views import View
......
class useClassView(View):
    ......
class subClassView(useClassView):
    news="这是视图类 useClassView 的扩展类！"
    def get(self, request):                      #重载 get()方法
        out=self.news+'<br/>重载 get()方法输出：请在输入数据后提交！<br/>'+self.form
        return HttpResponse(out)
```

相应的 URL 配置如下。

```
#chapter5\chapter5\urls.py
......
urlpatterns = [
    ......
```

```
        path('subview',csrf_exempt(views.subClassView.as_view())),
]
```

在浏览器中访问 http://127.0.0.1:8000/subview，结果如图 5-25 所示。可看出结果由扩展类中重载的 get()方法输出。

图 5-25　用 GET 请求方式访问视图子类时的输出

在页面中输入数据后，单击"提交"按钮提交数据，页面输出结果如图 5-26 所示。可看出结果由继承的 post()方法输出。

图 5-26　用 POST 请求方式访问视图子类时的输出

5.5　内置通用视图

Django 提供了一些内置的基于类的视图，这些视图结合模板可快速完成 Web 页面设计。本节介绍两个内置通用视图：DetailView 和 ListView。

5.5.1　通用视图 DetailView

DetailView 用于显示单个模型对象的数据。通常情况下，在 URL 中向视图提交对象的 id，视图使用 id 获得模型对象，并将模型对象传递给模板。

例如，使用 DetailView 显示 user 表中特定用户的数据。

首先，扩展 DetailView 类，代码如下。

```
#chapter5\chapter5\views.py
from datetime import datetime
from django.views.generic.detail import DetailView
from . import models
……
class userDetailView(DetailView):
    model = models.user                          #指定模型
    def get_context_data(self, **kwargs):
        context = super().get_context_data(**kwargs)
```

```
        context['now'] = datetime.now()        #向上下文添加额外数据
        return context
```

本例通过重载 get_context_data()方法，在上下文中添加了当前日期，说明可通过上下文向模板传递模型对象之外的数据。如果不需要向模板传递额外的数据，则只需指定模型。

其次，定义模板。默认情况下，DetailView 子类使用的模板文件名为"模型名称_detail.html"。本例中使用的模型名称为 user，所以默认的模板文件名称为 user_detail.html。本例中，项目名称为 chapter5，Django 默认在 "\chapter5\chapter5\templates\chapter5\" 目录中搜索 user_detail.html 文件。

本例中模板文件 user_detail.html 的代码如下。

```html
<!--chapter5\chapter5\user_detail.html-->
<html>
<head>
    <meta charset="utf-8" />
    <title>使用内置 Detail 视图</title>
</head>
<body>
    当前日期: {{now}}<br />
    <b>id: </b>{{object.id}}<br />
    <b>姓名: </b>{{object.name}}<br />
    <b>年龄: </b>{{object.age}}
</body>
</html>
```

最后，配置 URL 访问 userDetailView 视图，代码如下。

```python
#chapter5\chapter5\urls.py
……
urlpatterns = [
    ……
    path('detail/<int:pk>', views.userDetailView.as_view()),
]
```

代码中的<int:pk>表示接受的参数为整数，且应该是模型的主键。在浏览器中访问 http://127.0.0.1:8000/detail/2，结果如图 5-27 所示。

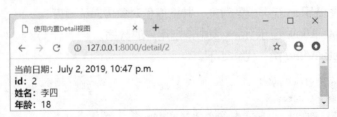

图 5-27　使用 DetailView 视图显示数据

如果按指定的参数找不到匹配的对象，则会返回 404 错误，如图 5-28 所示。

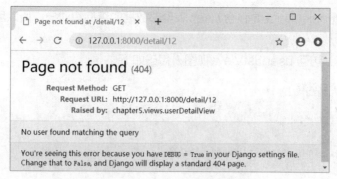

图 5-28　找不到匹配对象时的错误信息

5.5.2　通用视图 ListView

ListView 用于显示多个模型对象的数据，数据显示格式由模板定义。

本节在实例中使用 ListView 显示 user 表的全部数据。

首先，扩展 ListView 类，代码如下。

V5-18 通用视图 ListView

```
#chapter5\chapter5\views.py
from django.views.generic import ListView
from . import models
......
class userListView(ListView):
    model = models.user          #指定模型
```

其次，定义模板。本例中，userListView 视图默认使用的模板文件名称为 user_list.html，其代码如下。

```
<!--chapter5\chapter5\user_list.html-->
<html>
<head>
    <meta charset="utf-8" />
    <title>使用内置 List 视图</title>
</head>
<body>
    默认数据库 user 表数据
    <table>
        <tr><td>id</td><td>name</td><td>age</td></tr>
        {% for user in object_list %}
            <tr>
                <td>{{user.id}}</td>
                <td>{{user.name}}</td>
                <td>{{user.age}}</td>
            </tr>
        {% endfor %}
    </table>
</body>
</html>
```

在模板中，变量 object_list 是包含 user 表全部数据的查询集对象，所以用循环迭代输出每个对象数据。

最后，配置 URL 访问 userListView 视图，代码如下。

```
#chapter5\chapter5\urls.py
......
urlpatterns = [
    ......
    path('list/', views.userListView.as_view()),
]
```

在浏览器中访问 http://127.0.0.1:8000/list/，结果如图 5-29 所示。

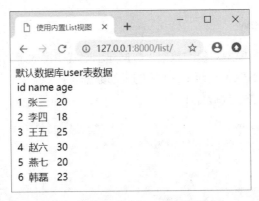

图 5-29　使用 ListView 视图显示数据

5.6　实践：实现图形验证码

V5-19 实现图形验证码

本节综合应用本章讲解的知识，实现图形验证码功能，如图 5-30 所示。输入图片中显示的验证码后，单击"提交"按钮。验证结果如图 5-31 所示。

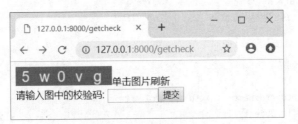

图 5-30　使用图片验证码

图 5-31　验证结果

基本思路：使用 PIL 库动态创建验证码图片，用 FileResponse 将验证码图片返回客户端。用

session 对象保存验证码，用于验证用户输入的验证码是否正确。

具体操作步骤如下。

（1）在视图文件中导入需要的库，示例代码如下。

```python
#chapter5\chapter5\views.py
from random import randint,choice
from PIL import Image,ImageDraw,ImageFont
from django.http import FileResponse
……
```

（2）定义函数获取随机字符，字符在数字、小写字母和大写字母中随机选取，示例代码如下。

```python
def getRandomChar():                              #获取随机字符
    num =str(randint(0,9))                        #获得随机数字
    lower=chr(randint(97,122))                    #获得随机小写字母
    upper=chr(randint(65,90))                     #获得随机大写字母
    char=choice([num,lower,upper])                #选择要使用的随机字符
    return char
```

（3）定义视图函数创建验证码图片，示例代码如下。

```python
def createImg(request):                                              #创建验证码图片返回
    img=Image.new(mode="RGB",size=(160,30),color=(100,100,100))      #创建图片
    draw=ImageDraw.Draw(img)                                         #获取图片画笔，用于描绘字
    #设置字体，字体文件和视图文件放在同一个文件夹中
    font=ImageFont.truetype(font="arial.ttf",size=24)
    code=''
    for i in range(5):
        c=getRandomChar()                                            #获得随机字符
        draw.text((10+30*i,2),text=c,fill=(255,255,255),font=font)   #根据坐标填充文字
        code+=c                                                      #记录验证码字符
    request.session['randomcode']=code                               #将验证码存入 Session
    f=open("test.png",'wb')
    img.save(f, format="png")                                        #将验证码图片存入文件
    f.close()
    return FileResponse(open("test.png",'rb'))                       #将验证码图片文件返回客户端
```

（4）配置 URL 访问 createImg 视图，示例代码如下。

```python
#chapter5\chapter5\urls.py
……
urlpatterns = [
    ……
    path('getpng', views.createImg),
]
```

（5）在 Google Chrome 浏览器中访问 http://127.0.0.1:8000/getpng，查看验证码图片，如图 5-32 所示。

（6）定义视图函数使用图片验证码，代码如下。

```python
def imgCheckCode(request):                              #使用图片验证码
    form='<form name="input" action="/docheck" method="post">'\
        +'<a href="/getcheck"><img src="/getpng"></a>单击图片刷新<br>' \
```

```
           +'请输入图中的校验码: <input type="text" name="code" maxlength=5 size=8>' \
           +'<input type="submit" value="提交"></form> '
    return HttpResponse(form)
```

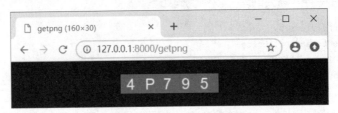

图5-32 直接查看验证码图片

代码中表单 action 的属性设置为"/docheck",该 URL 访问的视图验证用户提交的验证码是否正确。超级链接的 href 属性设置为"/getcheck",该 URL 访问验证码输入页面,用于执行页面刷新操作,以便显示新的验证码。图片的 src 属性设置为"/getpng",该 URL 返回验证码图片。

(7) 添加访问视图 imgCheckCode 的 URL 配置,代码如下。

```
path('getcheck', views.imgCheckCode),
```

(8) 定义视图函数,验证用户输入的验证码,示例代码如下。

```
def verifyCode(request):              #验证用户提交的验证码是否正确
    out="验证码不正确! "
    if request.POST['code'].upper()==request.session['randomcode'].upper():
        out="验证码正确! "
    return HttpResponse(out)
```

(9) 添加访问视图 verifyCode 的 URL 配置,代码如下。

```
path('docheck', csrf_exempt(views.verifyCode)),
```

因为视图 verifyCode 要接收表单数据,所以使用 csrf_exempt()设置例外,不执行 CSRF 安全验证。

(10) 在 Google Chrome 浏览器中访问 http://127.0.0.1:8000/getcheck,验证是否能正确显示验证码并完成验证。

本章小结

本章主要介绍了定义视图、处理请求和响应、在视图中使用模型、基于类的视图以及内置通用视图等内容。

视图可用函数或视图类来实现。URL 配置将 URL 模板映射到视图函数;对于基于类的视图,则需使用 as_view()方法来映射 URL 模板。

本章介绍了两个内置通用视图: DetailView 和 ListView,这两个视图结合模板和模型,可以很方便地显示数据库数据。

习 题

（1）请问视图函数有何特点？如何配置应用的 URL？
（2）请问基于类的视图有何特点？如何配置相应的 URL？
（3）请问在哪些情况下客户端会接收到 HTTP 404 响应？
（4）请问向客户端返回 CSV 文件、PDF 文件或 JSON 字符串时，应注意哪些问题？
（5）请问如何实现数据分页显示？
（6）请问 DetailView 和 ListView 有何区别？

第 6 章
模板

Web 框架的主要特点之一是能够快捷地动态生成 HTML。本书前面各章主要是在视图中生成响应的 HTML，这种方式将业务逻辑处理和数据显示放到一起，不利于大型项目开发。

Django 提供了模板，在模板中可定义数据显示格式，可以动态生成 HTML。Django 提供了编写模板的模板语言。

本章要点
- 掌握模板引擎的配置
- 学会使用模板类
- 学会使用模板文件
- 学会使用 Django 模板语言
- 学会使用模板继承

6.1 模板基础

使用模板包含 3 个基本步骤：配置模板引擎、编写模板和渲染模板。

6.1.1 配置模板引擎

模板引擎也称后端（BACKEND）。在项目配置文件 settings.py 的 TEMPLATES 变量中配置模板时，使用 BACKEND 选项配置模板引擎。

V6-1 配置模板引擎

创建项目时，通常会在 settings.py 配置文件中添加模板的默认设置，示例代码如下。

```
TEMPLATES = [
    {
        'BACKEND': 'django.template.backends.django.DjangoTemplates',
        'DIRS': [],
        'APP_DIRS': True,
        'OPTIONS': {
            'context_processors': [
                'django.template.context_processors.debug',
                'django.template.context_processors.request',
                'django.contrib.auth.context_processors.auth',
```

```
                'django.contrib.messages.context_processors.messages',
            ],
        },
    },
]
```

Django 的默认模板引擎为 django.template.backends.django.DjangoTemplates，其语法为 Django 模板语言（简称 DTL）。django.template.backends.jinja2.Jinja2 是另一个 Django 内置的模板引擎。

模板配置中的 APP_DIRS 默认值为 True，表示模板引擎将在项目的所有应用目录中搜索模板文件。也可在 DIRS 选项中指定搜索路径，示例代码如下。

```
TEMPLATES = [
    {
        'BACKEND': 'django.template.backends.django.DjangoTemplates',
        'DIRS': ['/html/templates','/html/django'],
    },
]
```

Django 会按照 DIRS 选项中路径的先后顺序搜索模板文件。

OPTIONS 选项中的 context_processors 选项用于注册在模板中使用的上下文处理器。

如果配置了多个模板引擎，则按先后顺序依次在各个模板引擎的搜索路径中寻找模板文件。

6.1.2 使用模板类

dango.template.Template 是 Django 提供的模板类，调用模板类的构造函数 Template()，可以快速创建模板对象。调用模板对象的 render()方法，可将模板渲染为 HTML 代码。

V6-2 使用模板类

例如：

```
>>> from django.template import Template,Context
>>> t=Template('你提交的数据为: {{data}}')      #创建模板对象
>>> context=Context({'data':123})              #创建上下文对象
>>> t.render(context)                          #渲染模板
'你提交的数据为: 123'
```

构造函数 Template()将模板字符串作为参数来创建模板对象。构造函数 Context()用字典对象创建上下文对象，用于封装传递给模板的数据。模板对象的 render()方法接收上下文对象参数，执行渲染操作，将数据填入模板，生成 HTML 代码。

6.1.3 使用模板文件

Template 对象适用于处理比较简单的模板。相对复杂的模板则应使用模板文件。模板文件是一个包含了模板语言代码的文本文件。Django 对模板文件扩展名没有要求，可以是.html、.txt 等，也可以没有扩展名。

V6-3 使用模板文件

1. 定义模板文件

例如，下面的模板显示视图传递的时间。

```html
<!--chapter6\chapter6\templates\mytemplate.html-->
<html>
<head>
    <meta charset="utf-8" />
    <title>使用模板</title>
</head>
<body>
    当前时间：{{time}}
</body>
</html>
```

本章示例项目名称为 chapter6。默认情况下，模板配置中 APP_DIRS 值为 True，DIRS 为空。所以，模板文件需放置在 chapter6\chapter6\templates 文件夹中。如果放在其他位置，则需要在 DIRS 选项中进行设置，否则 Django 会找不到模板文件。

2. 定义使用模板的视图

通常，模板文件不能直接使用，需要在视图中使用。例如，下面的代码定义了使用模板的视图。

```python
#chapter6\chapter6\views.py
from django.http import HttpResponse
from datetime import datetime
from django.template.loader import get_template
def getTime(request):
    time=datetime.today()                    #准备数据
    t=get_template('mytemplate.html')        #载入模板文件
    html=t.render({'time':time})             #渲染模板
    return HttpResponse(html)                #将模板渲染结果返回客户端
```

视图首先调用 get_template()方法来载入模板，再调用 render()方法以渲染模板。

在使用 Template 对象来创建模板时，需使用上下文对象作为 render()方法的参数。使用模板文件时，则需使用字典对象作为 render()方法的参数。

配置访问视图 getTime 的 URL，代码如下。

```python
from django.urls import path
from chapter6 import views
urlpatterns = [
    path('time', views.getTime),
]
```

启动项目的开发服务器后，在浏览器中访问 http://127.0.0.1:8000/time，输出结果如图 6-1 所示。

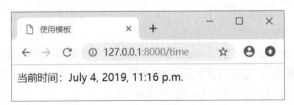

图 6-1　利用模板实现的页面

3. 使用 TemplateResponse

TemplateResponse 使用模板文件生成 HttpResponse 响应，TemplateResponse 包含了载入模板和渲染模板操作，需要编写的代码更少，示例代码如下。

```
#chapter6\chapter6\views.py
from datetime import datetime
from django.template.response import TemplateResponse
……
def getTime2(request):
    time=datetime.today()
    return TemplateResponse(request,'mytemplate.htm',{'time':time})
```

视图 getTime2 在浏览器中的输出结果如图 6-2 所示。视图 getTime2 与前面的 getTime 视图相比，只是使用模板的方式不同，所以输出结果与图 6-1 输出结果一致。

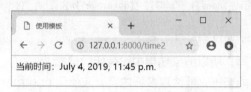

图 6-2　使用 TemplateResponse 对象后的输出

4. 使用快捷函数 render()

django.shortcuts 模块中的快捷函数 render()与 TemplateResponse 构造函数类似，使用模板文件和上下文字典来渲染模板，并返回封装响应结果的 HttpResponse 对象。

例如：

```
#chapter6\chapter6\views.py
from datetime import datetime
from django.shortcuts import render
……
def getTime3(request):
    time=datetime.today()
    return render(request,'mytemplate.html',{'time':time})
```

6.2　模板语言

Django 模板引擎支持 Django 模板语言（简称 DTL）。DTL 包含变量、注释、过滤器、标签、模板继承以及 HTML 转义等语法。

6.2.1　变量

DTL 用{{变量名}}格式表示变量。变量名由字母、数字和下划线组成，但不能以下划线开头。Django 在渲染模板时，会将遇到的变量替换为上下文中对应的变量值。如果变量是对象，可使用点号（.）访问其属性或方法。

例如：

V6-4 Django 模板语言

```
>>> t=Template('姓名: {{data.name}}, 年龄: {{data.age}}, 日期: {{now}}')   #创建模板
>>> class user:pass                                                      #定义类
...
>>> u=user()                                                             #创建对象
>>> u.name="张三"                                                        #设置属性
>>> u.age=25                                                             #设置数据
>>> d=datetime.now()
>>> c=Context({'data':u,'now':d})                                        #创建上下文
>>> t.render(c)                                                          #渲染模板
'姓名: 张三, 年龄: 25, 日期: July 5, 2019, 10:49 a.m.'
```

6.2.2 注释

DTL 用{#...#}来表示注释，注释的内容不会出现在渲染结果中，示例代码如下。

```
>>> t=Template('姓名: {{data.name}}, {#年龄: {{data.age}}#}, 日期: {{now}}')
>>> t.render(c)
'姓名: 张三,, 日期: July 5, 2019, 10:49 a.m.'
```

模板中年龄的部分被注释，所以渲染结果中没有年龄信息。

被{#...#}注释的内容不能换行。要注释多行内容，应使用 comment 标签，示例代码如下。

```
<p>姓名: {{name}}</p>
{% comment "多行注释" %}
<p>年龄: {{age}}</p>
<p>日期: {{now}}</p>
{% endcomment %}
```

模板中年龄和日期被包含在注释块中，在渲染时会被忽略。例如，在视图中使用该模板的示例代码如下。

```
def testTemplate(request):
    time=datetime.today()
    c={'name':"张三",'age':25,'now':time}
    return render(request,'testtem.html',c)
```

浏览器显示的渲染结果如图 6-3 所示。

图 6-3 注释内容未出现在显示结果中

6.2.3 过滤器

过滤器用于改变变量的显示结果。常用的过滤器有如下 3 个。
- default：设置变量为 false 或为空时显示的替代值。基本格式为{{变量|default:替代值}}。
- length：返回字符串或列表的长度。基本格式为{{变量|length}}。

- filesizeformat：将数值转换为文件大小格式，如 2.5KB、12MB 等。基本格式为{{变量|filesizeformat}}。

例如：

```
>>> t=Template('数据: {{a|default:"不正确"}}, 长度: {{b|length}}, 文件大小: {{c|filesizeformat}}')
>>> c=Context({'a':False,'b':'abcd','c':123456})
>>> t.render(c)
'数据: 不正确, 长度: 4, 文件大小: 120.6\xa0KB'
```

Django 提供了 60 多个内置模板过滤器，限于篇幅，这里不再详细介绍。读者可以在 Django 文档中查看内置模板过滤器的详细信息。

6.2.4 标签：include

标签用于完成一些更复杂的操作，如包含模板、控制流程、创建输出文本或者实现模板继承等。include 标签用于包含模板，将其他模板代码插入到当前位置，并使用当前模板的上下文进行渲染。

include 标签的基本格式如下。

```
{% include 模板名称 %}
```

模板名称可以是字符串或者字符串变量。例如，模板文件 templatea.html 的代码如下。

```
模板A: {{data|default:'nothing'}}<br>
```

模板文件 testtem.html 的代码如下。

```
{% include 'templatea.html' %}
模板B, 当前日期: {% now "Y年m月d日 H:i:s" %}
```

下面的视图使用模板 testtem.html。

```
def testTemplate(request):
    return render(request,'testtem.html', {'data':123})
```

模板 testtem.html 中使用了{%now%}标签获得指定格式的当前日期字符串。浏览器显示的渲染结果如图 6-4 所示。

图 6-4　包含模板的渲染结果

可在包含模板时指定参数，示例代码如下。

```
{% include 'templatea.html' with data='abcd' %}
```

with 之后连接的是参数，参数名与模板中的变量名一致。在传递多个参数时，使用空格作为分隔符，示例代码如下。

```
{% include 'templatea.html' with data='abcd' data2=123 %}
```

6.2.5 标签：for

for 标签用于构造循环，遍历可迭代对象。在 for 标签块内部，可使用下列变量。

- forloop.counter：当前循环的索引，索引从 1 开始。
- forloop.counter0：当前循环的索引，索引从 0 开始。
- forloop.revcounter：反向循环时，当前循环的索引，索引从 1 开始。
- forloop.revcounter0：反向循环时，当前循环的索引，索引从 0 开始。
- forloop.first：在第一次通过循环时值为真，否则为假。
- forloop.last：在最后一次通过循环时值为真，否则为假。
- forloop.parentloop：嵌套循环的外层循环。

例如：

```
<table>
    {% for r in data %}
        <tr>
            <td>第{{forloop.counter}}行：</td>
            {% for a in r %}
                <td>{{a}}</td>
            {% endfor %}
        </tr>
    {% endfor %}
</table>
```

下面的视图使用该模板。

```
def testTemplate(request):
    data=[[1,2,3,4],[5,6,7,8],['a','b','c','d']]
    return render(request,'testtem.html', {'data':data})
```

浏览器显示的渲染结果如图 6-5 所示。

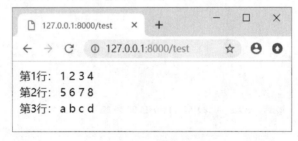

图 6-5　for 标签渲染结果

可以使用 reversed 表示反向循环，示例代码如下。

```
{% for r in data reversed %}
```

将 6.2.4 节的模板文件 testtem.html 中的 for 标签改为反向循环后，渲染结果如图 6-6 所示。

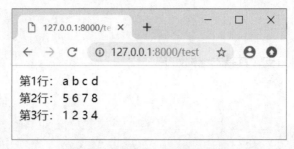

图 6-6　使用反向循环的渲染结果

对于包含子列表的列表变量，for 标签可将子列表映射到独立变量，示例代码如下。

```
<ul>
    {% for a,b,c,d in data %}
        <li>
            {{a}},{{b}},{{c}},{{d}}
        </li>
    {% endfor %}
</ul>
```

对于字典对象，for 标签可分别映射键和值。例如，字典对象{'name':'张三','age':25}可用下面的模板。

```
<ul>
    {% for key,value in data.items %}
        <li>{{key}}={{value}} </li>
    {% endfor %}
</ul>
```

渲染结果如图 6-7 所示。

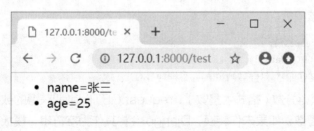

图 6-7　渲染字典对象

可在 for 标签块的内部使用{% empty %}，它表示当要遍历的对象不存在或为空时输出的内容，示例代码如下。

```
<ul>
    {% for key,value in data.items %}
        <li>{{key}}={{value}} </li>
    {% empty %}
        在上下文中没找到字典对象 data，或者 data 为空！
    {% endfor %}
</ul>
```

6.2.6 标签：if

if 标签用于构造条件分支，其基本结构如下。

```
{% if var1 %}
    ......
{% elif var2 %}
    ......
{% else %}
    ......
{% endif %}
```

elif 和 else 块可以省略，elif 块可以有多个。Django 按先后顺序依次计算 if 和 elif 标签的变量，如果变量为"真"（即变量存在、不为空，且不是 False），则输出相应的数据块，且流程跳转到 endif 标签之后。如果没有变量为"真"，则输出 else 数据块（如果 else 数据块存在的话）。

例如，下面的模板根据分数输出等级。

```
分数：{{data}},
{% if data >= 90 %}
    等级：A
{% elif data >= 80 %}
    等级：B
{% elif data >= 70 %}
    等级：C
{% elif data >= 60 %}
    等级：D
{% else %}
    等级：不合格
{% endif %}
```

下面的视图使用该模板。

```
def testTemplate(request):
    x=int(request.GET['data'])
    return render(request,'testtem.html',{'data':x})
```

本例从 URL 中获得分数（格式为整数），request.GET['data']获得的数据默认为字符串格式，所以需要将其转换为整数。如果未作转换，Django 会将其作为字符串，模板将输出 else 标签部分的数据。

在浏览器中访问 http://127.0.0.1:8000/test?data=80，渲染结果如图 6-8 所示。

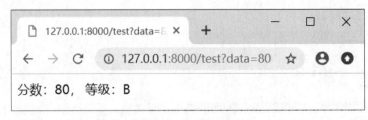

图 6-8 使用 if 标签

在 if 和 elif 标签中直接使用变量时，当变量存在、不为空且不是 False 时，视为"真"。

在 if 和 elif 标签中可使用下列逻辑运算符。

- not：逻辑取反，"真"取反为"假"，"假"取反为"真"。例如，{% if not data %}。
- and：逻辑与，当两个操作数均为"真"时，结果才为"真"。例如，{% if x and y %}。
- or：逻辑或，当两个操作数均为"假"时，结果才为"假"。例如，{% if x or y %}。

3 个逻辑运算符的优先级从高到低依次为：not、and、or。

if 和 elif 标签中可使用下列比较运算符。

- ==：相等。例如，{% if x == y %}。
- !=：不相等。例如，{% if x != y %}。
- <：小于。例如，{% if x < y %}。
- >：大于。例如，{% if x > y %}。
- <=：小于等于。例如，{% if x <= y %}。
- >=：大于等于。例如，{% if x >= y %}。
- in：操作数 x 是否包含于 y 中，y 可以是字符串、列表、集合或 QuerySet 等。例如，{% if x in 'abcdefg' %}。
- not in：不包含于。例如，{% if x not in 'abcdefg' %}。
- is：两个对象是否相同。例如，{% if x is True %}。
- is not：两个对象是否不相同。例如，{% if x is not None %}。

6.3 模板继承

V6-5 模板继承

Django 支持模板继承，子模板通过继承获得父模板的内容，并且可在子模板中覆盖父模板中的块。

父模板用{% block %}和{% endblock %}标签定义块。子模板用{% extends %}标签继承父模板，并通过定义同名的块来覆盖父模板中的块。

例如，父模板代码如下。

```
<html>
<head>
    <title>使用模板继承</title>
</head>
<body>
    {% block header %}<h1>公共标题</h1>{% endblock %}
    {% block content %}{% endblock %}
    {% block footer %}<hr>@ryjy.com 版权所有，2019 年 7 月 1 日{% endblock %}
</body>
</html>
```

子模板代码如下。

```
使用子模板: {% extends "ftemplate.html" %}
{% block header %}<b>Python Web 开发基础教程</b>{% endblock %}
{% block content %}<p>Django 支持模板继承</p>{% endblock %}
```

{% extends %}标签用于指定要继承的父模板。需特别注意，{% extends %}标签必须是子模板中的第 1 个标签，否则会发生 TemplateSyntaxError 异常。

本例中，子模板重新定义了 header 和 content 块，footer 块仍使用父模板的内容。子模板的渲染结果如图 6-9 所示。

图 6-9　使用模板继承

6.4　实践：用模板实现数据分页

中国象棋

V6-6 用模板实现数据分页

本节综合应用本章讲解的知识，用模板实现数据分页，在页面中显示中国象棋棋子介绍，如图 6-10 所示。中华文明源远流长、博大精深，中国象棋是其优秀代表之一，感兴趣的读者可扫二维码了解中国象棋的详细内容。

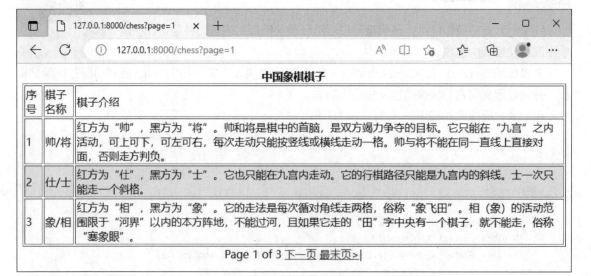

图 6-10　用模板实现数据分页

具体操作步骤如下。

（1）定义模型，代码如下。

```
#chapter6\chapter6\models.py
```

```
from django.db import models
class chess(models.Model):
    name = models.CharField(max_length=8)     # 棋子名称
    detail = models.CharField(max_length=8)   # 棋子介绍
```

（2）在 Windows 命令窗口中,进入项目主目录，执行下面的命令，完成数据库迁移。

```
python manage.py makemigrations chapter6
python manage.py migrate
```

（3）执行 sqlite3 db.sqlite3 命令打开数据库。然后执行下面的命令，将 scores.csv 文件中的数据导入表。

```
sqlite> .separator ','
sqlite> .import scores.csv chapter6_chess
```

（4）定义模板，代码如下。

```
<center>
    <b>中国象棋棋子</b>
    {% if data %}
    <table border="1">
        <tr><td>序号</td><td>棋子名称</td><td>棋子介绍</td></tr>
        {% for s in data %}
        <tr style="background-color:{% cycle 'white' 'lavender' %}">
            <td>{{s.id}}</td>
            <td>{{s.name}}</td>
            <td>{{s.detail}}</td>
        </tr>
        {% endfor %}
    </table>
    {% if data.has_previous %}
    <a href="?page=1">|&lt;第一页</a>
    <a href="?page={{ data.previous_page_number }}"> 前一页</a>
    {% endif %}
    Page {{ data.number }} of {{ data.paginator.num_pages }}
    {% if data.has_next %}
    <a href="?page={{ data.next_page_number }}">下一页</a>
    <a href="?page={{ data.paginator.num_pages }}">最末页&gt;|</a>
    {% endif %}
    {%else%}
    没有数据!
    {%endif%}
</center>
```

（5）定义视图，代码如下。

```
#chapter6\chapter6\views.py
from django.core.paginator import Paginator
from django.shortcuts import render
from . import models
```

```
……
def useTempaltePaginator(request):
    objects=models.chess.objects.all()                              #获取全部成绩数据
    pages=Paginator(objects,3)                                      #创建分页器,每页3条记录
    page_number = request.GET['page']                               #获取请求的页码
    page = pages.get_page(page_number)                              #获取指定页面
    return render(request, 'pagetemplate.html', {'data': page})     #使用模板渲染响应结果
```

(6)配置 URL 访问视图,代码如下。

```
#chapter6\chapter6\urls.py
from django.urls import path
from chapter6 import views
urlpatterns = [
    ……
    path('chess', views.useTempaltePaginator),
]
```

(7)启动开发服务器,测试视图。在浏览器中访问 http://127.0.0.1:8000/chess?page=1,输出第 1 页数据,如图 6-11 所示。单击表格下方各个超链接可切换页面。

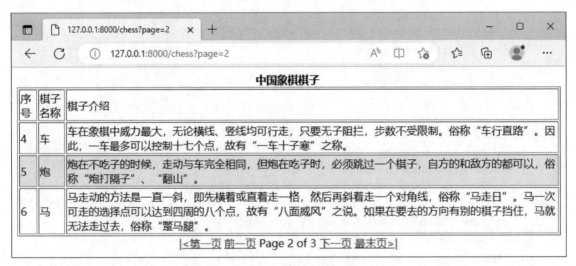

图 6-11　测试数据分页

本章小结

本章首先介绍了配置模板引擎、使用模板类和使用模板文件的方法;然后介绍了 DTL 的主要内容,包括变量、注释、过滤器、include 标签、for 标签、if 标签等;最后介绍了模板继承的相关内容。限于篇幅,本章没有讲解 DTL 的全部内容,读者可查阅 Django 文档了解详细信息。

习 题

（1）请问如何配置模板引擎？
（2）模板配置中的 APP_DIRS 和 DIRS 选项有何区别？
（3）请问模板文件有何特点？
（4）在 DTL 中，变量和标签有何区别？
（5）请问过滤器有何作用？举两个例子进行说明。
（6）include 标签和 extends 标签有何区别？

第 7 章

表单

网页中的表单通常用于收集用户的各种数据，与用户交互。用户在网页表单中输入数据后，表单将数据提交给服务器进行处理。Django 中的表单可用 django.forms.Form 和 django.forms.ModelForm 类实现。前者用于实现普通表单，后者用于实现模型表单。

本章要点
- 掌握表单的基础知识
- 掌握 Django 表单进阶知识
- 学会使用模型表单
- 学会使用资源
- 学会在 Django 项目中使用 Ajax

7.1 表单基础

为了便于区别，传统 HTML 代码实现的表单可称为 HTML 表单，django.forms.Form 类实现的表单可称为 Django 表单，django.forms.ModelForm 类实现的表单可称为 Django 模型表单。

7.1.1 HTML 表单

一个典型的 HTML 表单如下。

```
<form action="/getdata/" method="POST">
    <label for="data">请输入数据：</label>
    <input id="data" type="text" name="data" value="">
    <input type="submit" value="提交">
</form>
```

V7-1 HTML 表单

该表单在浏览器中的显示结果如图 7-1 所示。

该表单由静态 HTML 实现，要直接在浏览器中访问该表单，需将其放在 Django 项目的 static 文件夹。静态资源配置的详细内容请参考 2.1.4 节。

一个表单主要包括提交地址、请求方法和表单元素 3 个部分。表单的 action 属性指定的 URL 为提交地址，它接收表单数据，并执行相应的处理。表单的 method 属性指定请求方法，通常是 GET 或 POST。通常，在不改变服务器数据时用 GET 方法，提交的数据会显示在 URL 中。要改变服务器数据时用 POST 方法，提交的数据封装在消息体中。

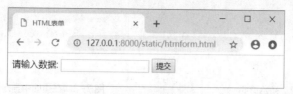

图 7-1 一个简单的表单

Django 项目的模板文件是一个 HTML 文件，可在其中定义 HTML 表单。可通过视图将数据传递给模板，然后使用模板变量将其填充到 HTML 表单。

Django 模板中的 HTML 表单典型结构如下。

```
<form action="/getdata/" method="POST">
    {% csrf_token %}
    <label for="data">请输入数据: </label>
    <input id="data" type="text" name="data" value="{{current_data}}">
    <input type="submit" value="提交">
</form>
```

相比于前面的 HTML 表单，模板中多了一个{% csrf_token %}标签和一个{{ current_data }}变量。将此模板（temform.html）放在项目的 templates 文件夹中，以便在视图中使用。

默认情况下，Django 会对所有的 POST 请求执行 CSRF（跨站点请求伪造）保护。{% csrf_token %}标签用于获取 CSRF 令牌，如果没有该标签，Django 会拒绝表单请求。

{{ current_data }}用于将视图传递给模板的数据插入到当前位置。

定义访问该模板的视图，代码如下。

```
#chapter7\chapter7\views.py
from django.shortcuts import render
def getdata(request):
    data=''
    if 'data' in request.POST:
        data=request.POST['data']                         #获取客户端提交的 data
    return render(request,'temform.html',{'current_data':data})
```

定义访问视图的 URL 配置，代码如下。

```
#chapter7\chapter7\urls.py
from django.urls import path
from . import views
urlpatterns = [
    path('getdata/', views.getdata),
]
```

启动开发服务器，在浏览器中访问 http://127.0.0.1:8000/getdata/，结果如图 7-2 所示。

在浏览器地址中输入 URL 访问时，采用的是 GET 方法，此时 request.POST 中没有 data 变量，传递给模板的 data 为空字符串，所以页面显示空白的输入框。输入数据后，单击"提交"按钮提交数据。视图将接收到的数据传递给 data 模板变量，从而在表单中显示该数据，如图 7-3

所示。

图 7-2 初始页面

图 7-3 在页面中显示提交的数据

7.1.2 Django 表单

V7-2 Django 表单

模板中的 HTML 表单属于静态编码，要改变表单就必须修改模板。Django 表单通过扩展 django.forms.Form 类可在视图中动态生成表单。

使用 Django 表单的基本步骤包括：定义表单类、定义使用表单类和模板的视图、定义表单模板、以及配置 URL 访问视图。

1. 定义表单类

例如：

```
#chapter7\chapter7\views.py
from django import forms
……
class dataForm(forms.Form):
    data = forms.CharField(label='请输入数据')
```

自定义的表单类 dataForm 继承了 django.forms.Form 类，它包含一个 data 字段。字段 data 的类型为 forms.CharField。表单 data 字段会被渲染为一个<label>元素和一个<input>元素。表单字段的 label 参数指定在表单渲染生成的<label>元素中显示的字符串。

2. 定义使用表单类和模板的视图

在视图中需要创建表单类的实例对象，并将其作为参数传递给模板，代码如下。

```
def useDataForm(request):
    if request.method == 'POST':
        form = dataForm(request.POST)       #使用接收到的数据创建表单
        msg="已完成数据提交！"
    else:
        form = dataForm()                   #创建空白表单
        msg='初始表单'
    return render(request, 'temdataform.html', {'form': form,'msg':msg})
```

在直接使用 HTML 表单时，视图将接收到的数据传递给模板，以便在响应页面中回显数据。在使用 Django 表单时，视图使用接收到的数据创建表单，先将数据填入表单字段，再将表单对象传递给模板。

3. 定义表单模板

模板通过变量使用视图传递的表单对象，代码如下。

```
<form action="/dform/" method="POST">
    {% csrf_token %}
    <table>
```

```
        {{form}}
    </table>
    <input type="submit" value="提交">
</form>
{{msg}}
```

模板变量{{form}}用于渲染 Django 表单,将表单字段转换为 HTML 代码。

4. 配置 URL 访问视图

URL 配置代码如下。

```
from django.urls import path
from . import views
urlpatterns = [
    ......
    path('dform/', views.useDataForm),
]
```

在浏览器中访问 http://127.0.0.1:8000/dform/,结果如图 7-4 所示。

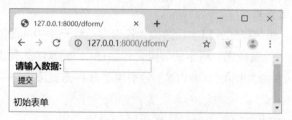

图 7-4　使用自定义表单类生成的表单

输入数据后提交,结果如图 7-5 所示。

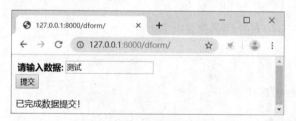

图 7-5　提交数据后的表单

右键单击页面空白位置,在快捷菜单中选择"查看网页源代码"命令,查看 Django 表单渲染得到的 HTML 代码如下。

```
<form action="/dform/" method="POST">
<input type="hidden" name="csrfmiddlewaretoken"
        value="2tk0eWujempl4mFx4VxQXMTcSXW7m4IHHSjQIK7FEcZx5NPtbRyoxlONvbSDQaTn">
    <table>
        <tr>
            <th><label for="id_data">请输入数据:</label></th>
            <td><input type="text" name="data" value="测试" required id="id_data"></td>
        </tr>
    </table>
```

```
    <input type="submit" value="提交">
</form>
已完成数据提交!
```

可以看到模板中的{% csrf_token %}标签被渲染为一个隐藏的<input>元素,其 value 属性值为 CSRF 令牌。表单对象被渲染为其中的加粗部分代码。

7.2 Django 表单进阶

本节讲解 Django 表单的详细特点,包括表单字段的渲染方式、类型和参数、使用小部件、字段校验、使用表单数据、手动渲染字段以及遍历字段等。

7.2.1 表单字段渲染方式

Django 提供了 3 种表单字段渲染方式。

- {{ form.as_table }}:表单式样式,默认方式。将字段渲染为包装在表格<tr>元素中的表单元素。
- {{ form.as_p }}:段落样式,将字段渲染为包装在<p>元素中的段落。
- {{ form.as_ul }}:列表样式,将字段渲染为包装在<li>元素中的列表项。

例如,下面的模板(temdataform3.html)分别用了 3 种方式渲染表单。

```
表格样式渲染的表单:
<form action="" method="POST">
    {% csrf_token %}
    <table>
        {{ form.as_table }}
    </table>
    <input type="submit" value="提交">
</form>
<hr>
段落样式渲染的表单:
<form action="" method="POST">
    {% csrf_token %}
    {{ form.as_p }}
    <input type="submit" value="提交">
</form>
<hr>
列表样式渲染的表单:
<form action="" method="POST">
    {% csrf_token %}
    <ul>
        {{ form.as_ul }}
    </ul>
    <input type="submit" value="提交">
</form>
```

在视图中用 dataForm()创建一个空白表单并将其传递给模板,代码如下。

```python
def useDataForm3(request):
    return render(request, 'temdataform3.html', {'form': dataForm()})
```

访问视图的 URL 配置如下。

```python
from django.urls import path
from . import views
urlpatterns = [
    ……
    ppath('dform3/', views.useDataForm3),
]
```

在浏览器中访问 http://127.0.0.1:8000/dform3/，结果如图 7-6 所示。

图 7-6　用多种方式渲染表单

模板渲染得到的 HTML 代码如下。

```html
表格样式渲染的表单:
<form action="" method="POST">
<input type="hidden" name="csrfmiddlewaretoken"
value="HJVGBwVTBhQKNavYZk1kN4J4ih7y0hY5m8Uw5kyf17qWOBFU6g2SnDEFVv34un9L">
    <table>
        <tr><th><label for="id_data">请输入数据:</label></th>
        <td><input type="text" name="data" required id="id_data"></td></tr>
    </table>
    <input type="submit" value="提交">
</form>
<hr>
段落样式渲染的表单:
<form action="" method="POST">
    <input type="hidden" name="csrfmiddlewaretoken"
    value="HJVGBwVTBhQKNavYZk1kN4J4ih7y0hY5m8Uw5kyf17qWOBFU6g2SnDEFVv34un9L">
    <p><label for="id_data">请输入数据:</label>
    <input type="text" name="data" required id="id_data"></p>
    <input type="submit" value="提交">
</form>
```

```
<hr>
列表样式渲染的表单:
<form action="" method="POST">
    <input type="hidden" name="csrfmiddlewaretoken"
value="HJVGBwVTBhQKNavYZk1kN4J4ih7y0hY5m8Uw5kyf17qWOBFU6g2SnDEFVv34un9L">
    <ul>
        <li><label for="id_data">请输入数据:</label>
            <input type="text" name="data" required id="id_data"></li>
    </ul>
    <input type="submit" value="提交">
</form>
```

其中加粗的部分为表单字段的渲染结果。

7.2.2 表单字段类型和参数

表单字段的定义包含字段名、字段类型和字段参数 3 个部分，示例如下。

V7-4 表单字段类型和参数

```
class dataForm(forms.Form):
    data = forms.CharField(label='请输入数据') #定义表单字段
```

其中，data 为字段名，字段渲染生成的<label>元素的 for 属性值为"id_data"，生成的<input>元素的 name 属性值为"data"、id 属性值为"id_data"。CharField 为字段类型，label 为字段参数。

django.forms 模块定义了一系列字段类来描述表单字段的类型。字段类型决定了 Django 如何执行下列操作。

- 字段被渲染成哪种 HTML 表单元素。
- 是否必须为字段提供数据。默认情况下，所有类型的字段都必须提交数据。
- 如何校验字段数据。
- 如何将数据规范化为 Python 数据。

常用的表单字段类如表 7-1 所示。

表 7-1 常用表单字段类

字段类	默认渲染成的表单元素	Python 数据的类型
BooleanField	CheckboxInput	True 或 False
CharField	TextInput	字符串
ChoiceField	Select	字符串
DateField	DateInput	datetime.date
TimeField	TimeInput	datetime.time
DecimalField	NumberInput（未本地化时）或 TextInput	decimal
FloatField	NumberInput（未本地化时）或 TextInput	float
IntegerField	NumberInput（未本地化时）或 TextInput	integer

续表

字段类	默认渲染成的表单元素	Python 数据的类型
EmailField	EmailInput	字符串
FileField	ClearableFileInput	上传的文件
FilePathField	Select	字符串
ImageField	ClearableFileInput	上传的图片文件
GenericIPAddressField	TextInput	字符串
MultipleChoiceField	SelectMultiple	字符串列表
RegexField	TextInput	字符串
UUIDField	TextInput	UUID

不同字段类的构造函数可能会使用一些特别的参数，下面介绍部分常用核心参数。

1. required

默认情况下，所有类型的表单字段的 required 属性值均为 True，即必须为字段提供数据。如果提供的是 None 或空字符串，校验数据时会触发 ValidationError 异常。

表单字段的 clean() 方法用于执行数据清理操作，验证数据的有效性。数据有效时，clean() 方法会返回该数据，否则触发 ValidationError 异常。

例如：

```
>>> from django import forms
>>> name=forms.CharField()          #定义字段
>>> name.clean(' ')                 #验证空格，触发异常
Traceback (most recent call last):
  ……
django.core.exceptions.ValidationError: ['This field is required.']
>>> name.clean('')                  #验证空字符串，触发异常
Traceback (most recent call last):
  ……
django.core.exceptions.ValidationError: ['This field is required.']
>>> name.clean(None)                #验证 None，触发异常
Traceback (most recent call last):
  ……
django.core.exceptions.ValidationError: ['This field is required.']
>>> name.clean(0)
'0'
>>> name.clean(True)
'True'
>>> name.clean(False)
'False'
>>> name.clean(123)
'123'
>>> name.clean('as')
'as'
```

对 CharField 字段，clean() 方法会将所有非"空"值作为字符串处理。

如果要允许字段接收空值，可在定义字段时设置 required 参数为 False。这样，clean()方法就不对字段执行数据校验，而将所有"空"值作为空字符串处理。

例如：

```
>>> name=forms.CharField(required=False)          #定义字段
>>> name.clean('')
''
>>> name.clean(None)
''
>>> name.clean(' ')
''
```

2. label

label 参数用于设置表单字段被渲染为 HTML <label>元素时的文本内容，示例代码如下。

```
>> class test(forms.Form):
...     name=forms.CharField(label='请输入姓名')
...
>>> print(test())
<tr><th><label for="id_name">请输入姓名:</label></th><td><input type="text" name="name" required id="id_name"></td></tr>
```

在创建表单时，可使用 auto_id=False 来简化渲染结果，示例代码如下。

```
>>> d=test(auto_id=False)
>>> print(d)
<tr><th>请输入姓名:</th><td><input type="text" name="name" required></td></tr>
```

可以看到，简化后的 label 参数被渲染为纯文字。

3. label_suffix

label_suffix 属性用于设置表单字段被渲染为 HTML <label>元素时的文本内容的后缀，默认后缀为英文冒号(:)，示例代码如下。

```
>>> class test(forms.Form):
...     addr=forms.CharField(label='联系地址',label_suffix='*')
...
>>> print(test())
<tr><th><label for="id_addr">联系地址*</label></th><td><input type="text" name="addr" required id="id_addr"></td></tr>
```

4. initial

initial 参数用于设置字段的初始值，示例代码如下。

```
>>> class test(forms.Form):
...     name=forms.CharField(initial='someone')
...
>>> print(test(auto_id=False))
<tr><th>Name:</th><td><input type="text" name="name" value="someone" required></td></tr>
```

也可在创建表单对象时提供初始值，示例代码如下。

```
>>> d=test({'name':'Lining'},auto_id=False)
```

```
>>> print(d)
<tr><th>Name:</th><td><input type="text" name="name" value="Lining" required></td></tr>
```

5. help_text

help_text 参数用于设置字段的帮助信息，帮助信息被渲染为<span>元素，示例代码如下。

```
>>> class test(forms.Form):
...     name=forms.CharField(help_text='姓名包含字母、数字等字符')
...
>>> print(test(auto_id=False))
<tr><th>Name:</th><td><input type="text" name="name" required><br><span class="helptext">姓名包含字母、数字等字符</span></td></tr>
```

6. error_messages

error_messages 用于设置自定义错误信息，它将覆盖默认的错误信息。error_messages 的参数值为字典对象，其中的每个键值对对应一条校验错误信息，示例代码如下。

```
>>> name=forms.CharField(error_messages={'required':'必须提供 name 字段数据'})
>>> name.clean('')                  #验证字段取空值，触发异常
Traceback (most recent call last):
  ……
django.core.exceptions.ValidationError: ['必须提供 name 字段数据']
```

7. disabled

disabled 参数被设置为 True 时，不允许表单字段渲染成的 HTML 元素与用户交互，示例代码如下。

```
>>> class test(forms.Form):
...     addr=forms.CharField(label='联系地址',disabled=True)
...
>>> print(test())
<tr><th><label for="id_addr">联系地址:</label></th><td><input type="text" name="addr" required disabled id="id_addr"></td></tr>
```

7.2.3 使用小部件

表单字段的 widget 参数用于指定渲染字段时使用的小部件（也称组件），示例代码如下。

V7-5 使用小部件

```
>>> class test(forms.Form):
...     name=forms.CharField(widget=forms.Textarea)
...
>>> print(test())
<tr><th><label for="id_name">Name:</label></th><td><textarea name="name" cols="40" rows="10" required id="id_name"></textarea></td></tr>
```

通常，小部件也可以通过参数设置相关属性，示例代码如下。

```
>>> class test(forms.Form):
...     options = [('1', '男'), ('2', '女')]
...     sex=forms.ChoiceField(widget=forms.RadioSelect, choices=options)
...
```

```
>>> print(test())
<tr><th><label for="id_sex_0">Sex:</label></th><td><ul id="id_sex">
<li><label for="id_sex_0">
    <input type="radio" name="sex" value="1" required id="id_sex_0">男</label></li>
    <li><label for="id_sex_1">
        <input type="radio" name="sex" value="2" required id="id_sex_1">女</label></li>
</ul></td></tr>
```

常用小部件如表 7-2 所示。

表 7-2 常用小部件

小部件	输入类型	渲染结果
TextInput	文本	`<input type="text" ...>`
NumberInput	数字	`<input type="number" ...>`
EmailInput	E-mail 地址	`<input type="email" ...>`
URLInput	URL	`<input type="url" ...>`
PasswordInput	用于输入密码	`<input type="password" ...>`
HiddenInput	隐藏的表单元素	`<input type="hidden" ...>`
DateInput	日期字符串	`<input type="text" ...>`
DateTimeInput	日期时间字符串	`<input type="text" ...>`
TimeInput	时间字符串	`<input type="text" ...>`
Textarea	长文本	`<textarea>...</textarea>`
CheckboxInput	复选框	`<input type="checkbox" ...>`
Select	选项列表	`<select><option ...>...</select>`
NullBooleanSelect	类似 Select	选项为 Unknown、Yes 和 No 的`<select>`
SelectMultiple	类似 Select，可多选	`<select multiple>...</select>`
RadioSelect	单选按钮组	包含在`<li>`元素中的单选按钮组
CheckboxSelectMultiple	复选框	`<ul><li><input type="checkbox" name="..." ></li>...</ul>`
FileInput	文件上传	`<input type="file" ...>`
SelectDateWidget	日期选项列表	封装了 3 个 Select 来选择年、月、日。可用 years 和 months 参数指定年份和月份选项

7.2.4 字段校验

通常，Django 根据字段类型执行默认的校验操作。例如，默认所有表单字段的 required 属性为 True，字段不接受空值。表 7-3 列出了表单字段除了 required 之外的其他校验操作。

V7-6 字段校验

表 7-3 常用表单字段类与校验操作

字段类	校验操作	错误信息关键字
BooleanField	验证给定值是否为 True	required
CharField	根据 max_length 和 min_length 选项设置校验最大、最小长度	required、max_length、min_length
ChoiceField	验证给定值是否包含在选项列表中	required、invalid_choice
DateField	验证数据是否为 datetime.date、datetime.datetime 或日期格式的字符串	required、invalid
TimeField	验证数据是否为 datetime.time 或时间格式的字符串	required、invalid
DecimalField	验证数据是否为小数。根据 max_value 和 min_value 设置校验最大值、最小值	require、invalid、max_value、min_value、max_digits、max_decimal_places、max_whole_digits
FloatField	验证数据是否为浮点数。根据 max_value 和 min_value 设置校验最大值、最小值	required、invalid、max_value、min_value
IntegerField	验证数据是否为整数。根据 max_value 和 min_value 设置校验最大值、最小值	required、invalid、max_value、min_value
EmailField	验证数据是否为有效的电子邮件地址	required、invalid
FileField	根据 max_length 和 allow_empty_file 设置验证最大长度和是否允许空文件	required、invalid、missing、empty、max_length
FilePathField	验证数据是否包含在选项列表中	required、invalid_choice
ImageField	验证是否上传了图片文件	required、invalid、missing、empty、invalid_image
GenericIPAddressField	验证数据是否为有效的 IP 地址	required、invalid
MultipleChoiceField	验证数据是否存在于选项列表中	required、invalid_choice、invalid_list
RegexField	验证数据是否与某个正则表达式匹配	required、invalid
UUIDField	验证数据是否为有效的 UUID 字符串	required、invalid

默认的校验操作基本上能满足常规的校验需求。Django 允许使用自定义校验函数。在定义表单字段时，用 validators 参数指定校验函数。

例如，下面的代码定义了一个 validate_lt() 函数，它在字符串包含小于或大于符号时抛出 ValidationError 异常。

```
>>> from django.core.exceptions import ValidationError
>>> def validate_lt(value):
...     if '<' in value or '>' in value:
...         raise ValidationError('不允许小于或大于符号！')
...
```

```
>>> str=forms.CharField(validators=[validate_lt])    #使用自定义校验函数
>>> str.clean('2<3')
Traceback (most recent call last):
  ……
django.core.exceptions.ValidationError: ['不允许小于或大于符号！']
```

用 validators 参数指定的校验函数，用于为字段增加额外的校验操作，但依赖于字段类型执行的默认校验仍然会执行，不会被 validators 参数设置覆盖。

7.2.5 使用表单数据

通常，request.POST 包含了表单采用 POST 请求方法提交的数据。request.POST 中的数据没有被转换为 Python 类型，也没有经过校验。表单通过校验时，is_valid()函数返回 True。表单中通过校验的数据被包含在 cleaned_data 字典中。在使用表单数据时，应尽量使用 cleaned_data 中的数据。

V7-7 使用表单数据

1. 绑定表单

设置了数据的表单称为绑定表单（is_bound 属性为 True），没有数据的表单称为未绑定表单（is_bound 属性为 False）。

例如：

```
>>> class test(forms.Form):
...     name=forms.CharField(max_length=50)
...     age=forms.IntegerField(max_value=50)
...
>>> d=test()                              #创建空表单
>>> d.is_bound                            #结果为 False，说明表单未绑定
False
>>> d=test({})                            #绑定空值时，表单也被绑定
>>> d.is_bound                            #结果为 True，说明表单已绑定
True
>>> d=test({'name':'mike','age':20})      #绑定具体数据
>>> d.is_bound
True
```

应注意，在定义表单时为字段设置的初始值，只用于在表单字段被渲染为 HTML 元素时设置元素的初始值。即使有初始值，空表单仍是未绑定的，示例代码如下。

```
>>> class test(forms.Form):
...     name=forms.CharField(max_length=50,initial='noname')
...     age=forms.IntegerField(max_value=50,initial=20)
...
>>> d=test()                              #创建空表单
>>> d.is_bound                            #结果为 False，说明表单未绑定
False
```

2. 使用"干净的"数据

调用表单 is_valid()方法时会执行数据校验，当所有字段数据均合法时，方法返回 True，否则返回 False。执行校验时，Django 为表单对象创建 cleaned_data 属性。通过校验的数据是"干

净的",被保存在表单的 cleaned_data 属性中。cleaned_data 属性只能在执行校验之后访问,否则会触发 AttributeError 异常。

例如:

```
>>> d=test({'name':'mike','age':20})          #绑定表单
>>> d.cleaned_data                            #执行校验之前访问 cleaned_data 属性,触发异常
Traceback (most recent call last):
  File "<console>", line 1, in <module>
AttributeError: 'test' object has no attribute 'cleaned_data'
>>> d.is_valid()                              #执行校验操作,结果为 True
True
>>> d.cleaned_data                            #访问"干净的"的数据
{'name': 'mike', 'age': 20}
```

如果有数据未通过校验,is_valid()方法返回 False,cleaned_data 属性中保存了已通过校验的字段数据,errors 属性保存未通过校验的字段的错误信息,示例代码如下。

```
>>> d=test({'name':'mike','age':80})
>>> d.is_valid()
False
>>> d.cleaned_data
{'name': 'mike'}
>>> d.errors
{'age': ['Ensure this value is less than or equal to 50.']}
```

errors 返回一个字典对象,其中的每个键值对中的键是字段名,值是一个列表对象,列表对象包含错误信息字符串。可以调用 as_json()或 get_json_data()方法返回包含 JSON 格式的错误信息,示例代码如下。

```
>>> d.errors.as_json()
'{"age": [{"message": "Ensure this value is less than or equal to 50.", "code": "max_value"}]}'
>>> d.errors.get_json_data()
{'age': [{'message': 'Ensure this value is less than or equal to 50.', 'code': 'max_value'}]}
```

当表单包含校验错误信息时,每个字段的错误信息被渲染为<ul><li>……</li></ul>,示例代码如下。

```
>>> print(d)
<tr><th><label for="id_name">Name:</label></th><td>
<input type="text" name="name" value="mike" maxlength="50" required id="id_name"></td></tr>
<tr><th><label for="id_age">Age:</label></th><td>
<ul class="errorlist"><li>Ensure this value is less than or equal to 50.</li></ul>
<input type="number" name="age" value="80" max="50" required id="id_age"></td></tr>
```

7.2.6　手动渲染字段

在表单模板中,可以使用{{form}}、{{form.as_table}}、{{form.as_p}}和{{form.as_ul}}等变量获得表单字段的默认渲染效果,详见 7.2.1 节。

Django 允许在表单模板中自定义表单字段的渲染效果。在模板中,用{{form.字段名}}格式来访问表单字段。

V7-8 手动渲染字段

例如，表单定义如下。

```
class test(forms.Form):
    name=forms.CharField(max_length=50,label='姓名')
    age=forms.IntegerField(max_value=50,min_value=15,\
             label='年龄',help_text='年龄不小于15且不大于50')
```

使用表单的视图函数代码如下。

```
def useTest(request):
    if request.method == 'POST':
        form = test(request.POST)
    else:
        form = test()
    return render(request, 'temtest.html', {'form': form})
```

表单模板代码如下。

```
<form action="/diyfield/" method="POST">
    {% csrf_token %}
    <div>{{form.name.label}}={{form.name}}</div>
    <div>{{form.age.label}}={{form.age}}{{form.age.help_text}}</div>
    <input type="submit" value="提交">
</form>
```

在浏览器中访问 http://127.0.0.1:8000/diyfield/，结果如图 7-7 所示。当输入数据不合法时，浏览器会提示错误信息。

图 7-7　Edge 浏览器中的表单渲染效果

表单渲染的 HTML 代码如下。

```
<form action="/diyfield/" method="POST">
<input type="hidden" name="csrfmiddlewaretoken"
value="pu9h0JrVx3mNLEHX620LEFzc7tjz6i6s4T87ux4hXTWZM5RTdY1jeeuNKHf5Aoh8">
    <div>姓名=<input type="text" name="name" maxlength="50" required id="id_name"></div>
    <div>年龄=<input type="number" name="age" min="15" max="50" required id="id_age">年龄不小于15且不大于50</div>
    <input type="submit" value="提交">
</form>
```

可以看到，模板中的{{form.字段名}}变量被渲染为<input>元素。

7.2.7　遍历字段

在表单模板中，也可用{%for%}循环来遍历表单字段。表单字段的常用属性

V7-9 遍历字段

如下。
- {{ form.字段名.label }}：字段的 label 文本，例如，"姓名"。
- {{ form.字段名.label_tag }}：封装在 HTML <label>元素中的 label 文本，包含表单的 label_suffix。
- {{ form.字段名.value }}：字段值。
- {{ form.字段名.help_text }}：字段的帮助文本。
- {{ form.字段名.errors }}：字段未通过验证时的错误信息。
- {{ form.字段名.field }}：表单字段的 BoundField 实例对象，用于访问字段属性。例如，{{ form.name.field.max_length }} 。

例如，下面的模板代码通过遍历的方式渲染表单字段。

```html
<h3>遍历表单字段</h3>
<form action="/diyfor/" method="POST">
    {% csrf_token %}
    {% for field in form %}
        <p>
            {{ field.errors }}
            <b>{{ field.label_tag }}</b>
            {{ field }}
            {% if field.help_text %}
                <I>{{ field.help_text|safe }}</I>
            {% endif %}
        </p>
    {% endfor %}
    <input type="submit" value="提交">
</form>
```

访问该模板的视图函数代码如下。

```python
def useTestFor(request):
    return render(request, 'temtestfor.html', {'form': test()})
```

模板渲染得到的 HTML 代码如下。

```html
<h3>遍历表单字段</h3>
<form action="/diyfor/" method="POST">
    <input type="hidden" name="csrfmiddlewaretoken"
            value="wEEU9uFrJGAUhARUxlgGE2Ql8yCkbojDzcPQKb8JKaFaBQywJc19x7zqiXDZhnUT">
    <p><b><label for="id_name">姓名:</label></b>
        <input type="text" name="name" maxlength="50" required id="id_name">
    </p>
    <p><b><label for="id_age">年龄:</label></b>
        <input type="number" name="age" min="15" max="50" required id="id_age">
            <I>年龄不小于 15 且不大于 50</I>
    </p>
    <input type="submit" value="提交">
</form>
```

7.2.8 表单集

表单集是表单对象的集合，用于处理多个表单。

可调用 django.forms 模块提供的 formset_factory() 工厂类方法创建表单集类，示例代码如下。

V7-10 表单集

```
classTestFormset=formset_factory(test,extra=2)          #创建表单集类
```

test 参数为自定义的表单类。extra 参数指定表单集中包含的表单个数，默认为 1。

创建了表单集类后，就可用其来创建表单集对象，示例代码如下。

```
formset = classTestFormset(request.POST)                #使用客户端数据初始化表单集
formset = classTestFormset()                            #创建空白表单集
```

在视图函数中，可将表单集对象传递给模板，示例代码如下。

```
def useFormset(request):
    classTestFormset=formset_factory(test,extra=2)      #创建表单集类
    if request.method == 'POST':
        formset = classTestFormset(request.POST)
    else:
        formset = classTestFormset()
    return render(request, 'temformset.html', {'formset': formset})  #将表单集传递给模板
```

模板 temformset.html 的代码如下。

```
使用表单集
<form action="/formset/" method="POST">
    <table> {{formset}}</table>
    <input type="submit" value="提交">
</form>
```

代码中，{{formset}}变量引用表单集对象，Django 按默认格式渲染表单，如图 7-8 所示。

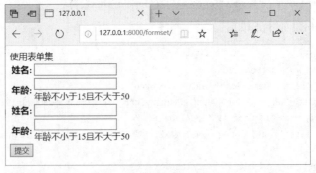

图 7-8 表单集渲染效果

模板 temformset.html 渲染得到的 HTML 代码如下。

```
使用表单集
<form action="/formset/" method="POST">
    <table>
        <input type="hidden" name="form-TOTAL_FORMS" value="2" id="id_form-TOTAL_FORMS">
```

```html
            <input type="hidden" name="form-INITIAL_FORMS" value="0" id="id_form-INITIAL_FORMS">
            <input type="hidden" name="form-MIN_NUM_FORMS" value="0" id="id_form-MIN_NUM_FORMS">
            <input type="hidden" name="form-MAX_NUM_FORMS" value="1000" id="id_form-MAX_NUM_FORMS">
            <tr><th><label for="id_form-0-name">姓名:</label></th><td>
            <input type="text" name="form-0-name" maxlength="50" id="id_form-0-name"></td></tr>
            <tr><th><label for="id_form-0-age">年龄:</label></th><td>
            <input type="number" name="form-0-age" min="15" max="50" id="id_form-0-age"><br>
            <span class="helptext">年龄不小于 15 且不大于 50</span></td></tr>
            <tr><th><label for="id_form-1-name">姓名:</label></th><td>
            <input type="text" name="form-1-name" maxlength="50" id="id_form-1-name"></td></tr>
            <tr><th><label for="id_form-1-age">年龄:</label></th><td>
            <input type="number" name="form-1-age" min="15" max="50" id="id_form-1-age"><br>
            <span class="helptext">年龄不小于 15 且不大于 50</span></td></tr>
        </table>
        <input type="submit" value="提交">
</form>
```

代码中有 4 个隐藏的表单元素，TOTAL_FORMS 为表单集中表单的总数，INITIAL_FORMS 为表单集中已初始化的表单的个数，MIN_NUM_FORM 为表单集允许的最少的表单个数，MAX_NUM_FORMS 为表单集允许的最多表单个数。默认情况下，表单集中可以没有表单，最多允许有 1 000 个表单。

表单集对象支持迭代，示例代码如下。

```
>>> from django.forms import formset_factory
>>> from django import forms
>>> class test(forms.Form):
...     name=forms.CharField()
...     age=forms.IntegerField()
...
>>> classTestFormset=formset_factory(test,extra=2)
>>> formset = classTestFormset()
>>> for form in formset:
...     print(form.as_p())
...
<p><label for="id_form-0-name">Name:</label>
    <input type="text" name="form-0-name" id="id_form-0-name"></p>
<p><label for="id_form-0-age">Age:</label>
    <input type="number" name="form-0-age" id="id_form-0-age"></p>
<p><label for="id_form-1-name">Name:</label>
    <input type="text" name="form-1-name" id="id_form-1-name"></p>
<p><label for="id_form-1-age">Age:</label>
    <input type="number" name="form-1-age" id="id_form-1-age"></p>
```

7.3 模型表单

模型表单指绑定到模型的表单。自定义的模型表单需扩展 django.forms 模块提供的 ModelForm 类。

V7-11 模型表单
基本操作

7.3.1 模型表单基本操作

模型表单基本操作包括定义模型、定义模型表单以及使用模型表单为数据库添加和修改数据。

1. 定义模型

模型代码如下。

```python
#chapter7\chapter7\models.py
from django.db import models
class person(models.Model):
    name=models.CharField(max_length=8)
    age=models.SmallIntegerField()
```

用于模型表单的模型与普通模型并没有任何区别。

2. 定义模型表单

模型表单代码如下。

```python
#chapter7\chapter7\views.py
from django.forms import ModelForm
from models import person
……
class personForm(ModelForm):
    class Meta:
        model = person
        fields = ['name', 'age']
```

模型表单有两个特点：

- 必须继承 django.forms.ModelForm 类。
- 提供子类 Meta。在 Meta 的 model 字段中绑定模型，在 fields 字段中设置在表单中使用的模型字段。

可以使用特殊值"__all__"表示使用模型全部字段，示例代码如下。

```python
fields = '__all__'
```

也可使用 exclude 属性来排除不使用的字段，示例代码如下。

```python
exclude = ['age']
```

3. 使用模型表单为数据库添加数据

首先使用数据作为参数来创建模型表单，再调用表单的 save() 方法将数据写入数据库，示例代码如下。

```python
>>> from chapter7.models import person
>>> from chapter7.views import personForm
>>> one=personForm({'name':'张三','age':25})    #用初始化数据，创建模型表单对象
>>> one.save()                                   #保存表单
<person: person object (1)>
>>> d=person.objects.all()[0]                    #获取数据库中的第1条记录，
>>> d.name,d.age                                 #查看数据
('张三', 25)
```

调用 save()方法时，会将数据写入数据库，同时返回包含数据的模型对象。

4. 使用模型表单修改数据库记录

在创建模型表单对象时，可使用 instance 参数指定模型对象，save()方法使用模型表单的数据修改模型对象，从而修改其关联的数据库记录，示例代码如下。

```
>>> p=person.objects.get(id=1)                          #获取模型对象
>>> p.name,p.age                                        #查看数据
('张三', 25)
>>> one=personForm({'name':'李四','age':30},instance=p) #创建关联模型对象的模型表单
>>> one.save()                                          #保存表单
<person: person object (1)>
>>> p=person.objects.get(id=1)
>>> p.name,p.age                                        #通过模型对象查看修改后的数据
('李四', 30)
```

7.3.2 在视图中使用模型表单

在视图中，可用 request.POST 作为参数来创建模型表单对象，再通过模型表单对象将数据添加到数据库或者修改现有记录。

例如：

V7-12 在视图中使用模型表单

```
def usePersonForm(request):
    if request.method == 'POST':                #提交表单时采用 POST 方法,此时处理数据
        mform = personForm(request.POST)        #用提交的数据初始化表单
        if mform.is_valid():                    #在表单通过验证时执行数据处理
            ps=person.objects.filter(name=request.POST['name'])  #用表单数据查询
            if ps.count()==0:
                mform.save()                    #不存在相同姓名时,将数据添加到数据库
                msg='数据已保存！'
            else:
                msg='数据库已存在相同姓名的数据,请勿重复提交！'
    else:
        mform = personForm()                    #创建空白表单
        msg="请输入数据添加新记录"
    return render(request, 'temmodelform.html', {'mform': mform,'msg':msg})
```

视图在使用 POST 方法请求时，视图通过 request.POST 获得客户端提交的数据。将 request.POST 作为参数初始化表单，执行表单验证操作，可检查数据是否有效。在数据有效时，用客户端提交的姓名作为条件执行查询。当数据库中不存在相同姓名时，执行表单保存操作，将数据写入数据库。

在浏览器中访问视图 URL 时，请求方法为 GET，此时视图返回空白表单。

视图使用的模板 temmodelform.html 代码如下。

```
<form action="/mform/" method="POST">
    {% csrf_token %}
    <table> {{mform}} </table>
    <input type="submit" value="提交">
</form>
```

```
<hr>{{msg}}
```

在浏览器地址栏中访问视图 URL，页面显示空白表单，如图 7-9 所示。

图 7-9　空白表单

输入数据后，单击"提交"按钮提交表单，页面最下方会显示数据处理结果提示信息，如图 7-10 所示。再次单击"提交"按钮提交表单，页面会提示姓名重复，如图 7-11 所示。

图 7-10　表单保存后的页面

图 7-11　数据重复提示

7.3.3　自定义模型表单字段

通常情况下，模型表单字段与模型字段保持一致。Django 允许在模型表单中覆盖模型字段定义，示例代码如下。

V7-13　自定义模型表单字段

```python
def validate_age(value):                              #自定义校验函数
    if int(value) < 20:
        raise ValidationError('年龄不能小于 20! ',code='min_value')
    elif int(value) > 50:
        raise ValidationError('年龄不能大于 50! ',code='max_value')

class personFormDIY(ModelForm):                       #定义模型表单
    #重定义 age 字段
    age=forms.CharField(validators=[validate_age],label='年龄',\
                        widget = forms.NumberInput(),\
                        help_text = '年龄为[20,50]以内的整数')
    class Meta:
        model = person                                #指定模型
        fields = ['name', 'age']                      #指定字段
        labels = { 'name': '姓名',}                    #设置字段渲染后的<label>内容
        help_texts = {'name':'姓名为中英文字符串',}      #设置字段帮助文本
        widgets = {'name': forms.Textarea(attrs={'cols': 30, 'rows': 2}),}   #设置字段小部件
```

在模型表单的 Meta 子类中，除了用 model 属性指定模型、fields 属性指定字段外，还可用 labels、help_texts、widgets 和 error_messages 等属性为字段设置渲染效果。

在表单模型中可以重新定义模型字段。例如，上面代码重定义了 age 字段，为字段指定了自定义校验函数、label、help_text 和 widget 等设置。

在视图中使用上面的模型表单，代码如下。

```python
def usePersonFormDIY(request):
    if request.method == 'POST':
        mform = personFormDIY(request.POST)
        if mform.is_valid():
            ps=person.objects.filter(name=request.POST['name'])
            if ps.count()==0:
                mform.save()
                msg='数据已保存！'
            else:
                msg='数据库已存在相同姓名的数据，请勿重复提交！'
        else:
            msg='表单数据有错'
    else:
        mform = personFormDIY()
        msg="请输入数据添加新记录"
    return render(request, 'temmodelformdiy.html', {'mform': mform,'msg':msg})
```

与 7.3.2 节中的 usePersonForm 视图相比，本节视图只是模型表单和模板名称发生了变化，模板文件代码如下。

```html
<form action="/mdiy/" method="POST">
    {% csrf_token %}
    <table>
        {{mform.as_p}}
    </table>
    <input type="submit" value="提交">
</form>
<hr>{{msg}}
```

在浏览器中访问视图 URL，表单字段按自定义内容进行了渲染，如图 7-12 所示。

图 7-12　自定义字段后的空白表单

输入姓名和年龄,当年龄不符合要求时,页面会显示自定义校验函数返回的错误信息,如图 7-13

所示。

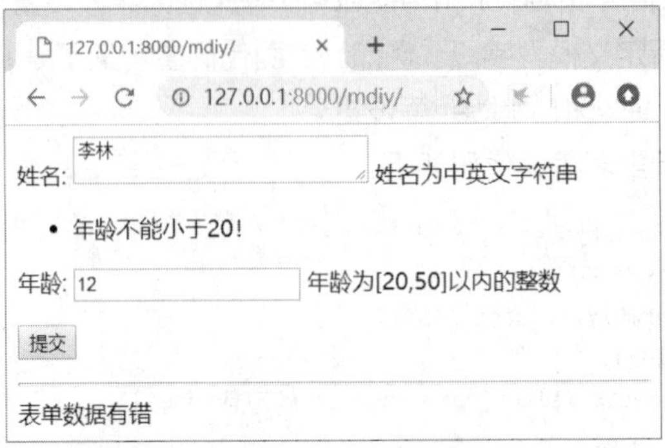

图 7-13 数据不能通过校验时显示的表单

7.4 资源

资源指应用于表单的 CSS 和 JavaScript 文件。当定义表单或小部件时，可以在 Media 子类中为其定义资源。在渲染表单时，Django 会将资源文件包含到 HTML 中。

7.4.1 小部件资源

通过扩展小部件定义表单资源的基本格式如下。

```
class 自定义小部件类名称(forms.内置小部件类名称):
    class Media:
        css={'设备类型': ('CSS 资源文件 URL',……),……}
        js= ('JavaScript 资源文件 URL',……)
```

Media 子类的 css 属性用于设置 CSS 资源。CSS 属性中的键设置 CSS 资源中的样式单适用的设备类型，可用的类型名称如下。

- all：默认。适用于所有设备。
- aural：语音合成器。
- braille：盲文反馈装置。
- handheld：手持设备。
- projection：投影仪。
- print：打印预览模式或打印页面。
- screen：计算机屏幕。
- tty：电传打字机以及类似的使用等宽字符网格的设备。
- tv：电视机类型设备。

资源文件的 URL 可以使用相对路径或绝对路径。CSS 和 JavaScript 资源文件属于静态资源，通常将其放在项目的 static 文件夹中。关于静态资源配置详情请参考本书 2.1.4 节。

小部件资源通过实例对象的 media 属性来访问，其被渲染为<link ...>元素。

例如，下面的代码扩展了 TextInput 组件，为其定义了 CSS 资源。

```
>>> class myTextInput(forms.TextInput):
```

```
...    class Media:
...         css={'all': ('/static/diyform.css',)}
...
>>> text=myTextInput()
>>> print(text.media)
<link href="/static/diyform.css" type="text/css" media="all" rel="stylesheet">
```

当表单使用了带有资源的小部件时,也可通过表单对象的 media 属性获得资源,示例代码如下。

```
>>> class test(forms.Form):
...     name=forms.CharField( widget = myTextInput)
...
>>> a=test()
>>> print(a.media)
<link href="/static/diyform.css" type="text/css" media="all" rel="stylesheet">
```

7.4.2 表单资源

可以在表单的 Media 子类中定义资源,其语法规则与小部件中的 Media 子类的规则相同。

V7-15 表单资源

例如,CSS 样式单文件 diyform.css 代码如下。

```
.helptext {color:blue;}
.errorlist {color: red;}
.inputfocus {background-color:aquamarine;}
```

JavaScript 脚本文件 focusinput.js 的代码如下。

```
$(function () {
    $("input,textarea").focus(function () {
        $(this).addClass("inputfocus");         //获得焦点时添加类,改变背景颜色
    });
    $("input,textarea").blur(function () {
        $(this).removeClass("inputfocus");      //失去焦点时删除类,恢复默认背景颜色
    });
})
```

这是一段 jQuery 脚本。jQuery 是一个 JavaScript 库,用于帮助开发人员快速创建 JavaScript 脚本。读者如果不了解 jQuery,可阅读本书作者主编,由人民邮电出版社出版的《JavaScript+jQuery 前端开发基础教程(微课版)》一书。

修改 7.3.3 节中的 personFormDIY 表单,添加表单资源定义,代码如下。

```
class personFormDIY_Media(ModelForm):
    ……
    class Media:
        css={'all': ('/static/diyform.css',)}
        js = ('/static/focusinput.js',)
```

定义使用表单的视图,代码如下。

```
def usePersonFormDIY_Media(request):
    if request.method == 'POST':
```

```
            mform = personFormDIY_Media(request.POST)
        if mform.is_valid():
            ps=person.objects.filter(name=request.POST['name'])
            if ps.count()==0:
                mform.save()
                msg='数据已保存！'
            else:
                msg='数据库已存在相同姓名的数据，请勿重复提交！'
        else:msg='表单数据有错'
    else:
        mform = personFormDIY_Media()
        msg="请输入数据添加新记录"
    return render(request, 'temmedia.html', {'mform': mform,'msg':msg})
```

与 7.3.3 节中的 usePersonFormDIY 视图函数相比，本节视图只修改了使用的表单和模板名称。模板文件 temmedia.html 代码如下。

```
<script src="/static/jquery-3.4.1.min.js"></script>
{{mform.media}}
<form action="/media/" method="POST">
    {% csrf_token %}
    <table>{{mform.as_p}}</table>
    <input type="submit" value="提交">
</form>
<hr>{{msg}}
```

模板的第一行用<script>包含了 jQuery 库。第 2 行的变量{{mform.media}}用于在当前位置渲染表单资源。

应用资源后的视图在浏览器中的效果如图 7-14 所示。图中，错误信息显示为红色，help_text 显示为蓝色，获得焦点的输入框背景颜色为浅蓝色（aquamarine）。

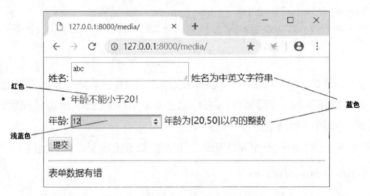

图 7-14　应用资源后的视图效果

7.5　Ajax

Ajax 用于在不刷新整个页面的情况下，在后台将数据提交给服务器，再使用服务器返回的数据更新局部页面。通常，要使用 Ajax 需要一个客户端 Web 页面和一个或多个服务器端脚本。在 Django

中，客户端 Web 页面和服务器端脚本均可用视图来实现。本节实现一个 Web 页面，在输入数据时，在页面中显示以输入数据开头的姓名的用户信息。

7.5.1 实现客户端 Web 页面

客户端 Web 页面的具体实现包括定义模板、定义视图和 URL 配置。

V7-16 使用 Ajax

1. 定义模板

模板文件 temajax.html 代码如下。

```html
<!--chapter7\chapter7\templates\temajax.html-->
<!DOCTYPE html>
<html>
<head><script src="/static/jquery-3.4.1.min.js"></script></head>
<body>
    <form action="" method="post">
        请输入姓名：<input type="text" id="name" name="name">
    </form>
    <span id="result"></span>
    <script>
        $(document).ready(function () {
            $('input').keyup(function () {//输入数据时，从服务器获取用户信息
                var a = $("#name").val();
                $.get("/getinfo/", { 'name': a }, function (ret) {
                    $('#result').html(ret)//将响应结果添加到网页
                })
            });
        });
    </script>
</body>
</html>
```

2. 定义视图

视图直接将模板返回给客户端，代码如下。

```python
#chapter7\chapter7\views.py
from django.template.response import TemplateResponse
……
def getinfofirst(request):
    return TemplateResponse(request,'temajax.html')
```

3. URL 配置

配置 URL 访问 getinfofirst 视图函数，代码如下。

```python
#chapter7\chapter7\urls.py
from . import views
urlpatterns = [
    ……
    path('first/', views.getinfofirst),
]
```

7.5.2 处理请求

在模板文件 temajax.html 中,Ajax 请求的 URL 为"/getinfo/",所以需要配置该 URL 来访问具体处理请求的视图。

URL 配置如下。

```
#chapter7\chapter7\urls.py
from django.urls import path
from . import views
urlpatterns = [
    ……
    path('getinfo/', views.getPersopnInfo),
]
```

视图函数代码如下。

```
#chapter7\chapter7\views.py
from django.http import HttpResponse
……
def getPersopnInfo(request):
    ps=person.objects.filter(name__startswith=request.GET['name'])
    if ps.count()>0:
        result='姓名以"%s"开始的用户信息: <br><table>'%request.GET['name']
        n=0
        for a in ps:
            n+=1
            result+="<tr><td>%s</td><td>%s</td><td>%s</td></tr>" %(n,a.name,a.age)
        result+='</table>'
    else:
        result='没有匹配的用户信息!'
    return HttpResponse(result)
```

启动 Django 开发服务器后,在浏览器中访问 http://127.0.0.1:8000/first/。在页面中输入数据,可显示匹配的用户信息,如图 7-15 所示。

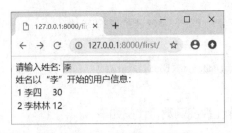

图 7-15　Django 实现 Ajax 页面

7.6　实践:实现用户注册

本节综合应用本章讲解的知识,实现用户注册功能,如图 7-16 所示。

V7-17 实现用户注册

图 7-16　用户注册页面

页面主要功能包括：
- 在页面中输入用户 ID 时，可实时检测 ID 是否可用。
- 单击验证码图片时，显示新的验证码。
- 单击"提交"按钮时，依次检验用户 ID、密码和 E-mail 地址是否正确。如果数据有错，在页面下方显示错误提示。所有数据均有效时，将数据提交给服务器。
- 所有操作使用 Ajax 完成，不刷新页面。

具体操作步骤如下。

（1）在 Windows 命令窗口中进入本章项目文件夹，执行下面的命令创建应用 newuser。

```
D:\chapter7>python manage.py startapp newuser
```

（2）在 Visual Studio 中打开项目文件夹。

（3）修改应用的模型文件 models.py，定义用户模型，代码如下。

```python
#chapter7\newuser\models.py
from django.db import models
class userinfo(models.Model):
    uid=models.CharField(max_length=10,verbose_name='用户名',\
                         help_text='用户名由英文字母、数字等字符组成')
    password=models.CharField(max_length=6,verbose_name='密码',\
                         help_text='登录密码由 6～8 位字符组成')
    email=models.CharField(max_length=30,verbose_name='Email',\
                         help_text='有效电子邮件地址')
```

（4）在 Windows 命令窗口中执行下面的命令完成数据迁移。

```
D:\chapter7>python manage.py makemigrations
D:\chapter7>python manage.py migrate
```

（5）创建模板文件 newuser.html，用静态 HTML 文件实现用户信息输入表单，通过 Ajax 脚本提交数据。

```html
<!--chapter7\newuser\templates\newuser.html-->
<!DOCTYPE html>
```

```html
<html>
<head><script src="/static/jquery-3.4.1.min.js"></script></head>
<body>
    <center>
        新用户注册<hr>
        <table>
            <tr><td align="right">用户ID: </td>
                <td><input type="text" id="uid" maxlength="10">
                    <span id="ruid"></span> </td></tr>
            <tr><td align="right">密码: </td>
                <td><input type="password" id="pwd1" maxlength="8"></td></tr>
            <tr><td align="right">再次输入密码: </td>
                <td><input type="password" id="pwd2" maxlength="8"></td></tr>
            <tr><td align="right">Email: </td>
                <td><input type="email" id="email" maxlength="20"></td></tr>
            <tr><td align="right">验证码: </td>
                <td><img src="/getpng/" id="icode" />单击刷新<br />
                    <input type="text" id="code" maxlength="10"></td></tr>
            <tr><td colspan="2" align="center">
                <input type="button" value="提交" id="submit" /></td></tr>
        </table>
        <hr><span id="result"></span>
    </center>
    <script>
        var codeok = false
        var idok = false
        $(document).ready(function () {
            $('input').keyup(function () {                    //输入数据时,清除上次的验证信息
                $('#result').html('')     });
            $('#uid').keyup(function () {                     //输入数据时,检查用户名是否可用
                var uid = $("#uid").val();
                $.get("/checkuid/", { 'uid': uid }, function (r) {
                    if (r == 'ID可用') { idok = true } else { idok = false }
                    $('#ruid').html(r)    })
            });
            $('#icode').click(function () {                   //单击时更改图片src
                var a = (new Date()).toTimeString()
                $('#icode').attr('src', '/getpng/?t=' + a)    //加上不同的参数,以便刷新图片
                codeok = false    });
            $('#code').blur(function () {                     //验证码输入结束时验证是否正确
                var code = $("#code").val();
                $.get("/checkcode/", {}, function (r) {
                    if (r.toLowerCase() == code.toLowerCase()) { codeok = true }
                    else { codeok = false }
                })
            });
            $('#submit').click(function () {     //单击提交按钮时,先检查数据,通过后再将数据提交给服务器
                if (!idok) {
                    $('#result').html('<span style="color:red">你输入的用户ID已被占用!</span>')
                    return 1    }
```

```
                var pwd1 = $("#pwd1").val();
                var pwd2 = $("#pwd2").val();
                pwdok = false
                if (pwd1 != pwd2) {
                    $('#result').html('<span style="color:red">两次输入的密码不一致!</span>')
                    return 1}
                var reg = /^\w+@[a-zA-Z0-9]{2,10}(?:\.[a-z]{2,4}){1,3}$/;
                if (!reg.test($("#email").val())) {
                    $('#result').html('<span style="color:red">你输入的 Email 地址无效!</span>')
                    return 1}
                if (!codeok) {
                    $('#result').html('<span style="color:red">验证码输入错误!</span>')
                    return 1}
                var uid = $("#uid").val();
                var pwd = $("#pwd1").val();
                var email = $("#email").val();
                var data = { 'uid': uid, 'pwd': pwd, 'email': email }
                $.get("/addnew/", { 'uid': uid, 'pwd': pwd, 'email': email },
                    function (r) { $('#result').html(r) }) });
        });
    </script>
</body>
</html>
```

（6）定义视图函数，使用用户信息输入模板 newuser.html，代码如下。

```
def toAddNew(request):
    return render(request,'newuser.html')
```

（7）配置 URL 访问 toAddNew 视图函数，代码如下。

```
#chapter7\chapter7\urls.py
from django.urls import path
from . import views
from newuser import views as newuser_views
urlpatterns = [
    ……
    path('newfirst/', newuser_views.toAddNew),
]
```

（8）定义视图函数检查数据库中是否已存在输入的用户 ID，代码如下。

```
def doCheckUid(request):
    ps=userinfo.objects.filter(uid=request.GET['uid'])
    if ps.count()==0:
        msg='ID 可用'
    else:
        msg='ID 已占用'
    return HttpResponse(msg, content_type="text/text;charset=utf-8")
```

（9）配置 URL 访问 doCheckUid 视图函数中，代码如下。

```
path('checkuid/', newuser_views.doCheckUid),
```

（10）实现图形验证码（详细内容参见5.6节）。客户端获取图形验证码的URL配置如下。

```
path('getpng/', newuser_views.createImg),
```

（11）通过客户端脚本检查用户输入的验证码是否正确，脚本通过 Ajax 请求存放在 session 中的图形验证码字符串，用于与用户输入比对。向客户端返回图形验证码字符串的视图函数代码如下。

```
def returnCheckCode(request):
    return HttpResponse(request.session['randomcode'], content_type="text/text;charset=utf-8")
```

（12）配置URL访问returnCheckCode视图函数，代码如下。

```
path('checkcode/', newuser_views.returnCheckCode),
```

（13）用户提交数据时，如果数据均有效，则通过Ajax请求将数据提交给服务器。服务器端在视图中将数据存入数据库，视图函数代码如下。

```
def doAddNew(request):
    try:
        nuid = request.GET['uid']
        pwd = request.GET['pwd']
        nemail = request.GET['email']
        user=userinfo(uid=nuid,password=pwd,email=nemail)
        user.save()
        msg="已成功完成注册！"
        return HttpResponse(msg, content_type="text/text;charset=utf-8")
    except Exception as e:
        msg="意外出错: %s" % e
        return HttpResponse(msg, content_type="text/text;charset=utf-8")
```

（14）运行开发服务器，测试运行效果。图7-17显示了密码错误时的页面。

图7-17 密码错误时的页面

本章小结

HTML 中的<form>元素用于定义表单，表单通过各种表单元素与用户进行交互，获取用户数据。Django 通过 django.forms 模块中的 Form 和 ModelForm 表单类实现表单处理，Form 为普通表单，ModelForm 为模型表单。Django 可以将表单对象渲染为 HTML 表单。

模型表单绑定到模型对象，调用模型表单的 save()方法，可将表单数据写入数据库。

表单资源包含 CSS 样式单和 JavaScript 脚本代码，这些资源需要进行正确的静态资源配置才能使用。

Ajax 功能通常包含客户端 Web 页面和服务器端的处理脚本。Web 页面通过脚本发起 Ajax 请求，Django 在视图中完成请求的处理，将处理结果返回。处理结果由 Web 页面中的脚本添加到页面中。

习 题

（1）表单请求通常可用哪些方法？有何区别？
（2）HTML 表单、Django 表单和模型表单之间有何区别？
（3）Django 表单字段有哪几种渲染方式？
（4）假设有如下模型定义：

```
from django.db import models
class subject_score(models.Model):
    subject=models.CharField(max_length=15)
    score=models.SmallIntegerField()
```

请设计一个使用该模型的模型表单。

（5）假设项目名称为 chapter7.css、样式单文件为 sample5.css，请问怎样才能在表单中使用该样式单？

第 8 章
Django 工具

Django 为开发人员提供了一系列辅助工具，主要包括：Admin 站点、用户认证、发送 E-mail、会话控制、日志、分页、消息框架、站点地图、静态文件管理、数据验证等。分页、静态文件管理和数据验证功能在本书前面的各章中进行了介绍，本章主要讲解 Admin 站点、用户认证、发送 E-mail 和会话控制。

本章要点	学会使用 Admin 站点 学会使用用户认证功能 学会发送 E-mail 学会使用会话控制

8.1 Admin 站点

Admin 站点是 Django 提供的一个进行网站后台数据管理的站点，用于管理网站的用户、组、模型等各种数据。本节主要介绍 Admin 站点的基本操作，第 9 章将介绍如何扩展 Admin 站点以实现自定义功能。

V8-1 启用 Admin 站点

8.1.1 启用 Admin 站点

要使用 Admin 站点，需先完成 6 个步骤的操作：注册应用、注册上下文处理器、注册中间件、配置 URL、迁移数据库和创建超级用户。在执行 django-admin 命令创建项目时，Django 会自动完成前 4 个步骤。

1. 注册应用

在 settings.py 项目配置文件的 INSTALLED_APPS 变量中注册 Admin 应用以及相关的支持应用，示例代码如下。

```
INSTALLED_APPS = [
    'django.contrib.admin',            #Admin 站点
    'django.contrib.auth',             #用户认证系统
    'django.contrib.contenttypes',     #模型权限
    'django.contrib.sessions',         #会话管理
    'django.contrib.messages',         #消息管理
```

```
    ……
]
```

2. 注册上下文处理器

在 TEMPLATES 模板配置变量的 OPTIONS 参数中包含 auth 和 messages 上下文处理器，示例代码如下。

```
TEMPLATES = [
    {
        'BACKEND': 'django.template.backends.django.DjangoTemplates',
        'DIRS': [],
        'APP_DIRS': True,
        'OPTIONS': {
            'context_processors': [
                'django.contrib.auth.context_processors.auth',         #用户认证
                'django.contrib.messages.context_processors.messages', #消息管理
                ……
            ],
        },
    },
]
```

3. 注册中间件

在模板配置变量 MIDDLEWARE 中包含 AuthenticationMiddleware 中间件和 MessageMiddleware 中间件，示例代码如下。

```
MIDDLEWARE = [
    'django.contrib.auth.middleware.AuthenticationMiddleware',    #用户认证
    'django.contrib.messages.middleware.MessageMiddleware',       #消息管理
……
]
```

默认情况下，Admin 站点使用英文。如果要使用中文，可注册本地化中间件，示例代码如下。

```
MIDDLEWARE = [
    'django.middleware.locale.LocaleMiddleware',                  #本地化中间件
……
]
```

4. 配置 URL

在 urls.py 文件中添加 Admin 站点的 URL 配置，示例代码如下。

```
from django.contrib import admin
from django.urls import path
urlpatterns = [
    path('admin/', admin.site.urls),                              #Admin 站点 URL 配置
]
```

启动开发服务器后，在浏览器中访问 http://127.0.0.1:8000/admin，首先会打开登录页面，如图 8-1 所示。

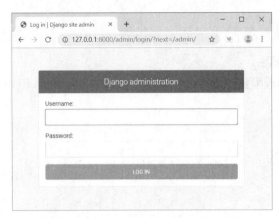

图 8-1　Admin 站点登录页面

5．迁移数据库

Admin 站点默认在数据库中保存相关数据。在访问 Admin 站点之前，应先执行数据库迁移操作，创建相关的数据表。

例如，下面的命令在 D 盘创建项目 chapter8，并执行数据库迁移操作。

```
D:\>django-admin startproject chapter8
D:\>cd chapter8
D:\chapter8>python manage.py makemigrations
No changes detected
D:\chapter8>python manage.py migrate
Operations to perform:
  Apply all migrations: admin, auth, contenttypes, sessions
Running migrations:
  Applying contenttypes.0001_initial... OK
  ……
  Applying sessions.0001_initial... OK
```

6．创建超级用户

登录 Admin 站点的用户必须具有超级用户权限（is_superuser 属性为 True）或者具有访问 Admin 站点的权限（is_staff 属性为 True）。

下面的命令为项目创建超级用户。

```
D:\chapter8>python manage.py createsuperuser
Username (leave blank to use 'xbg'): admin
Email address:
Password:
Password (again):
Superuser created successfully.
```

命令中输入的用户名为 admin。如果不输入用户名直接按【Enter】键，则使用当前 Windows 账户的用户名。E-mail 地址未输入值。两次输入的密码必须一致，Django 隐藏了输入的密码字符串。

也可通过默认的用户模型 User 来创建用户，示例代码如下。

```
D:\chapter8> python manage.py shell
Python 3.7.3 (v3.7.3:ef4ec6ed12, Mar 25 2019, 22:22:05) [MSC v.1916 64 bit (AMD64)] on win32
```

```
Type "help", "copyright", "credits" or "license" for more information.
(InteractiveConsole)
>>> from django.contrib.auth.models import User          #导入模型
>>> user=User.objects.create(username='admin2')          #创建用户
>>> user.set_password('123456')                          #设置密码
>>> user.is_superuser=True                               #设置为超级用户
>>> user.save()
```

Django 在 User 表中保存的是密码的哈希值，而不是明文密码。在命令行或代码中修改账户密码时，应调用 set_password() 方法。直接通过 User 模型的 password 字段设置的明文，Django 会将其视为密码的哈希值，不能将其直接作为密码使用。

8.1.2 管理用户

在 Admin 站点登录页面中用超级用户身份登录后，进入管理首页，如图 8-2 所示。

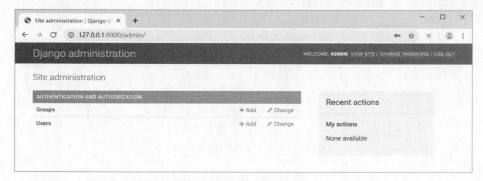

图 8-2 Admin 站点管理首页

1. 修改当前用户密码

单击页面右上角的"CHANGE PASSWORD"链接，可进入当前用户密码修改页面，如图 8-3 所示。

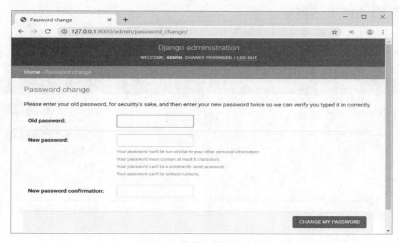

图 8-3 修改当前用户密码

在页面中输入一次旧密码、两次新密码，再单击右下角的"CHANG MY PASSWORD"按钮完成密码修改。

2．添加用户

在 Admin 站点的管理首页中，单击 Users 行中的"Add"链接，可进入添加用户页面，如图 8-4 所示。在页面中，需输入新用户的用户名和密码。输入完成后，单击"Save and add another"按钮，可在完成保存后继续添加新用户。单击"Save and continue editing"按钮，可在完成保存后进入用户数据修改页面。单击"SAVE"按钮，会在保存用户数据后进入用户数据浏览页面。

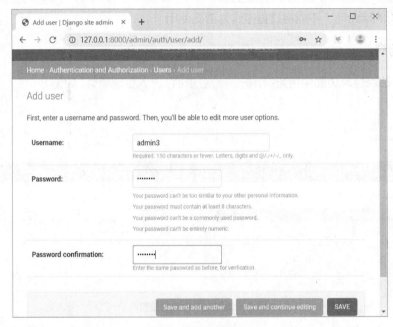

图 8-4　添加新用户

3．查看所有用户

在 Admin 站点管理首页中，单击 Users 行中的"Users"链接或"Change"链接，可进入用户数据浏览页面，如图 8-5 所示。

图 8-5　用户数据浏览页面

4．删除用户

在用户数据浏览页面中选中要删除的用户后，在"Action"下拉列表中选中"Delate selected users"选项，再单击"Go"按钮进入删除确认页面，如图 8-6 所示。在删除确认页面中单击"Yes, I'm sure"按钮，即可删除选中的用户。

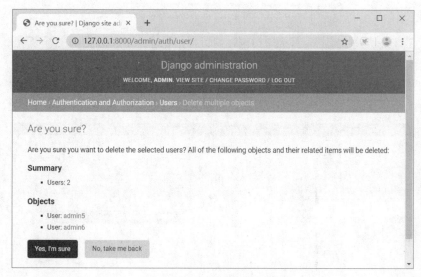

图 8-6　确认删除用户

5．修改用户

在用户数据浏览页面中，单击要修改的用户的用户名，进入用户数据修改页面，如图 8-7 所示。在页面中，可修改用户名、个人信息、权限和注册日期等账户相关数据。

用户数据修改页面显示了密码的哈希值的相关信息。要修改密码，可单击密码部分的"this form"链接，进入密码修改页面进行修改。

权限修改部分的"Active"复选框在选中时表示账户处于活动状态，取消选择表示账户被禁止使用。通常，应禁止账户而不是删除账户，因为删除后账户不能恢复，而禁止后账户可以重新激活。

权限修改部分的"Staff status"复选框在选中时表示账户可登录 Admin 站点，取消选择表示不允许登录。

权限修改部分的"Superuser status"复选框在选中时表示账户具有 Admin 站点的所有权限，取消选择表示账户为普通账户。

在权限修改部分，可将用户加入特定的组来为用户授予权限，也可直接授予用户某项权限。

单击页面左下角的"Delete"按钮可删除当前用户。

8.1.3　管理组

组用于分类管理用户，组中的用户具有特定的权限。

1．添加组

在 Admin 站点的管理首页中，单击 Groups 行中的"Add"链接，可进入添加组页面，如图 8-8 所示。

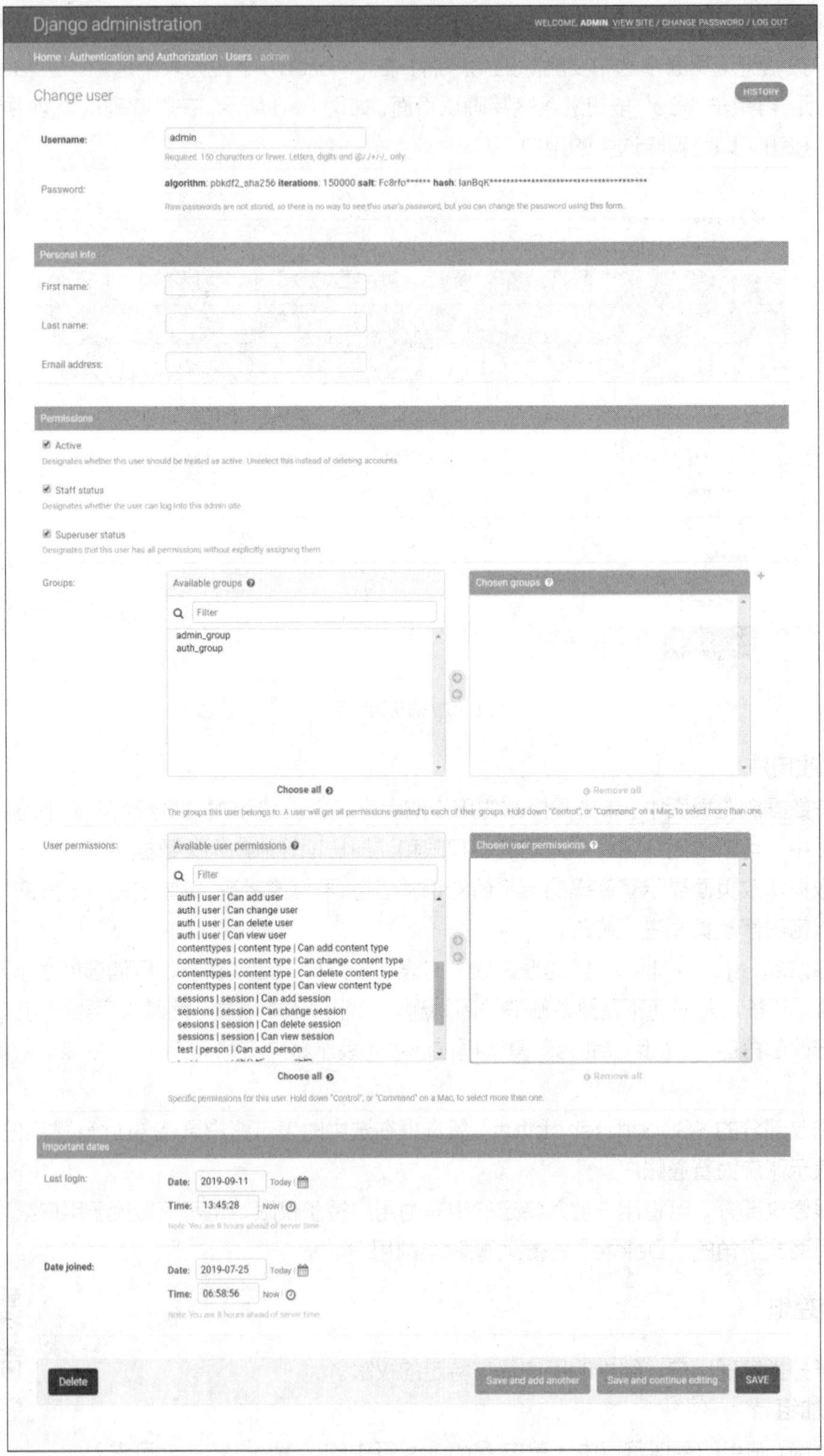

图 8-7　用户数据修改页面

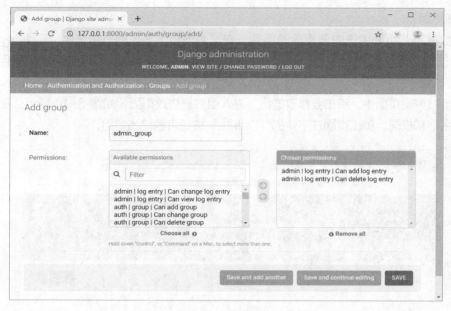

图 8-8 添加组页面

在 Name 输入框中可输入组名称。在 Available permissions 和 Chosen permissions 列表中，可双击选项来选择或取消权限。

单击"Save and add another"按钮，可保存当前组信息，并重置当前页面，以便继续添加新组。单击"Save and continue editing"按钮，可保存当前组信息，并停留在当前页面，以便继续修改组信息。单击"SAVE"按钮，可在保存后进入组数据浏览页面。

2. 查看所有组

在 Admin 站点管理首页中，单击 Groups 行中的"Change"链接或"Groups"链接，可进入组数据浏览页面，如图 8-9 所示。

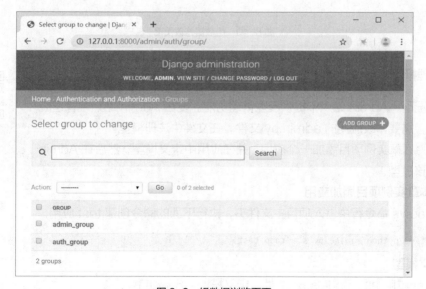

图 8-9 组数据浏览页面

3. 删除组

在组数据浏览页面中选中要删除的组后，在"Action"下拉列表中选中"Delate selected groups"选项，再单击"Go"按钮进入删除确认页面，在页面中确认即可删除选中的组。

4. 修改组

在组数据浏览页面中，单击要修改的组，进入组数据修改页面，如图 8-10 所示。在页面中，可修改组名称和权限。单击页面左下角的"Delete"按钮可删除当前组。

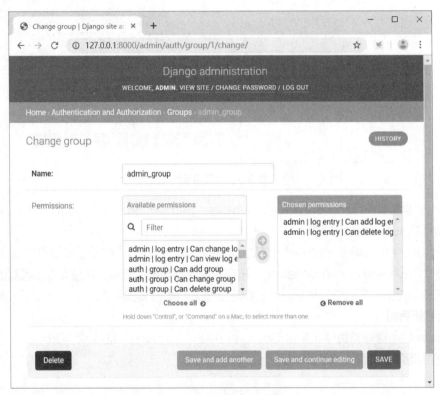

图 8-10 组数据修改页面

8.1.4 管理模型

V8-4 管理模型

默认情况下，Admin 站点不提供模型管理功能。要在 Admin 站点中管理应用中的模型，需要修改应用的 admin.py 文件，在文件中注册模型。

下面，为本章实例项目添加一个应用，并在应用中定义模型，然后在 Admin 站点中管理该模型。

1. 为本章实例项目添加应用

在 Windows 命令行中进入项目主文件夹，执行下面的命令创建 test 应用。

```
D:\chapter8>python manage.py startapp test
```

2. 定义模型

修改 test 应用中的 models.py 文件，定义模型，代码如下。

```python
from django.db import models
class person(models.Model):
    name=models.CharField(max_length=8)
    age=models.SmallIntegerField()
```

3. 注册应用

修改项目配置文件 settings.py，在 INSTALLED_APPS 变量中添加 test 应用，示例代码如下。

```python
INSTALLED_APPS = [
    ......
    'test',
]
```

4. 执行数据库迁移操作

执行下面的命令完成数据库迁移操作。

```
D:\chapter8>python manage.py makemigrations
Migrations for 'test':
  test\migrations\0001_initial.py
    - Create model person

D:\chapter8>python manage.py migrate
Operations to perform:
  Apply all migrations: admin, auth, contenttypes, sessions, test
Running migrations:
  Applying test.0001_initial... OK
```

5. 注册模型

修改应用的 admin.py 文件，注册模型，代码如下。

```python
from django.contrib import admin
from .models import person
admin.site.register(person)                    #注册模型
```

6. 在 Admin 站点中管理模型

注册模型后，在 Admin 站点首页中会显示应用的模型管理选项，如图 8-11 所示。

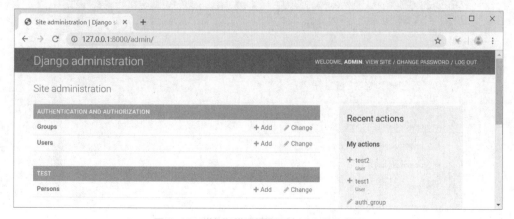

图 8-11　增加了模型管理的 Admin 站点首页

页面中的 TEST 栏显示了应用 test 中的模型列表。模型数据添加、删除和修改等操作与前面的用户、组的操作一致。

- 添加模型数据

在 Admin 站点的管理首页中，单击 Persons 栏中右侧的"Add"链接，进入模型对象添加页面，如图 8-12 所示。在页面中输入模型字段数据后，单击相应的保存按钮完成模型数据添加操作。

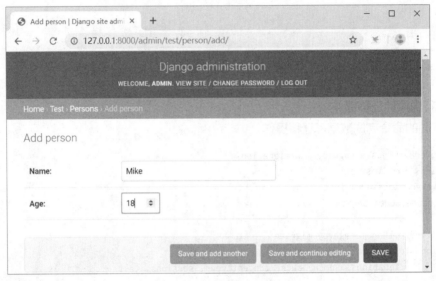

图 8-12　添加模型对象

- 查看所有模型数据

在 Admin 站点管理首页中，单击 TEST 应用栏中的"Persons"链接，进入模型对象浏览页面，如图 8-13 所示。

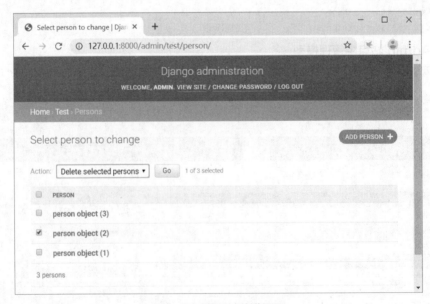

图 8-13　模型对象浏览页面

- 删除模型数据

在模型对象浏览页面中选中要删除的对象后,在"Action"下拉列表中选中"Delete selected persons"选项,再单击"Go"按钮进入删除确认页面,如图 8-14 所示。在删除确认页面中单击"Yes, I'm sure"按钮,即可删除选中的组。

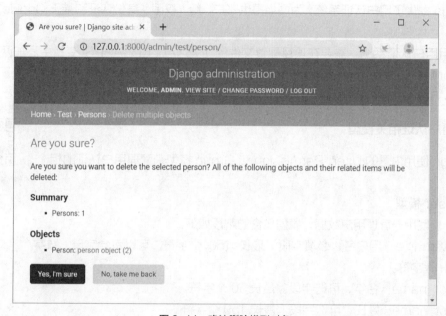

图 8-14　确认删除模型对象

- 修改模型对象

在模型对象浏览页面中单击要修改的模型对象,进入数据修改页面,如图 8-15 所示。

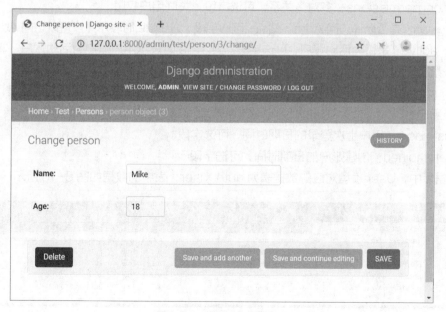

图 8-15　模型对象修改页面

在页面中可完成对象数据修改，也可单击"Delete"按钮删除对象。

8.2 用户认证

Django 提供了用户认证系统，为站点提供账户、组、权限、身份认证和基于 Cookie 的会话等管理功能。

要使用用户认证系统，需要在项目配置文件的 INSTALLED_APPS 变量中添加两个应用：django.contrib.auth 和 django.contrib.contenttypes。同时，在 MIDDLEWARE 变量中添加两个中间件：SessionMiddleware 和 AuthenticationMiddleware。

8.2.1 用户认证相关模型

Django 使用内置的 User、Permission 和 Group 模型来管理用户认证的相关数据。

V8-5 了解用户认证相关模型

1. User 模型

User 模型用于管理用户数据，模型包含的字段如下。

- username：用户名，必填字段。最长 150 个字符。可以包含字母、数字、_、@、+、.和-等字符。
- first_name：名字，可选字段。最长 30 个字符。
- last_name：姓氏，可选字段。最长 150 个字符。
- email：电子邮件地址，可选字段。
- password：存储密码的哈希值，可选字段。密码可包含任意字符。
- groups：多对多关系，可选字段。关联用户组。
- user_permissions：多对多关系，可选字段。关联用户权限。
- is_staff：是否允许访问 Admin 站点，可选字段。为 True 时表示账户可以访问 Admin 站点。
- is_active：是否为活动账户，可选字段。为 True 时表示用户账户为活动账户，非活动账户被禁止访问。
- is_superuser：是否为超级用户，可选字段。为 True 时表示用户具有所有权限，否则为普通用户。
- last_login：用户上次登录的日期时间，可选字段。
- date_joined：创建账户的日期时间，可选字段。

在数据库中，User 模型对应的数据表为 auth_user，表中的数据如图 8-16 所示。

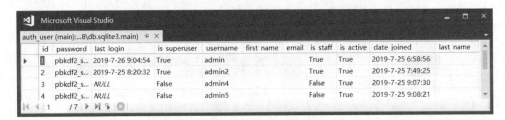

图 8-16 auth_user 数据表

2. Permission 模型

Permission 模型用于管理权限数据，模型包含的字段如下。
- name：权限名称，必填字段。最长 255 个字符。
- content_type：引用数据表 django_content_type 的 id 字段，必填字段。数据表 django_content_type 保存应用包含的模型记录。
- codename：用于编程的权限名称，必填字段。最长 100 个字符。

在数据库中，Permission 模型对应的数据表为 auth_permission，表中的数据如图 8-17 所示。

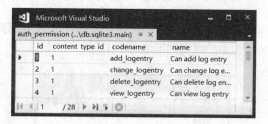

图 8-17 auth_permission 数据表

3. Group 模型

Group 模型用于管理组数据，模型包含的字段如下。
- name：组名称，必填字段。最长 80 个字符。
- permissions：多对多关系，关联权限。

在数据库中，Group 模型对应的数据表为 auth_group，表中的数据如图 8-18 所示。

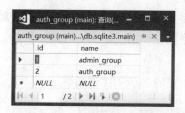

图 8-18 auth_group 数据表

4. 模型关系

User 模型与 Permission 模型之间是多对多关系，该关系在数据库中对应的数据表为 auth_user_user_permissions，表中的数据如图 8-19 所示。

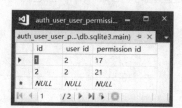

图 8-19 auth_user_user_permissions 数据表

User 模型与 Group 模型之间是多对多关系，该关系在数据库中对应的数据表为 auth_user_groups，表中的数据如图 8-20 所示。

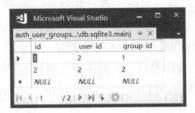

图 8-20 auth_user_groups 数据表

Group 模型与 Permission 模型之间是多对多关系，该关系在数据库中对应的数据表为 auth_group_permissions，表中的数据如图 8-21 所示。

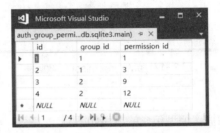

图 8-21 auth_group_permissions 数据表

8.2.2 控制台用户管理

可在 Admin 站点中交互式地完成添加、删除和修改等用户管理操作，详细内容请参考 8.1.2 节。本节主要介绍如何通过代码完成用户管理。

V8-6 控制台用户管理

1. 创建用户

调用 create()方法创建 User 对象，示例代码如下。

```
>>> user=User.objects.create(username='testuser')
>>> user.set_password('123456')
>>> user.save()
```

注意，为用户设置密码应调用 set_password()方法，该方法将明文密码转换成的哈希值存入 password 字段。

试图通过 password 属性指定密码时，Django 将指定的密码视为哈希值，不会报错，示例代码如下。

```
>>> user.password='456'           #修改密码
>>> user.save()
>>> user.check_password('456')    #检查密码
False
>>> user.set_password('123456')
>>> user.check_password('123456')
True
```

代码试图通过 password 属性将密码修改为"456"。check_password()方法检查密码是否正确，返回 False 表示密码错误。

可调用 User 模型提供的 create_user()和 create_superuser()方法来创建用户，示例代码如下。

```
>>> user=User.objects.create_user('testuser3','test@admin.net','123456')
>>> user=User.objects.create_superuser('testuser4','test4@admin.net','123456')
```

create_user()方法用于创建普通用户，create_superuser()方法用于创建超级用户。

2. 修改用户

可通过模型对象修改用户相关属性，示例代码如下。

```
>>> user=User.objects.get(username='testuser')
>>> user.email='123456@qq.com'
>>> user.save()
```

3. 删除用户

调用模型对象的 delete()方法可删除用户，示例代码如下。

```
>>> user=User.objects.get(username='test1')
>>> user.delete()
(1, {'admin.LogEntry': 0, 'auth.User_groups': 0, 'auth.User_user_permissions': 0, 'auth.User': 1})
```

4. 验证用户

authenticate()方法将用户名和密码作为参数来验证用户。如果用户名和密码正确，方法返回关联用户名的 User 模型对象；未通过验证时，返回 None。

例如：

```
>>> from django.contrib.auth import authenticate
>>> user=authenticate(username='testuser', password='123456')
>>> print(user)
testuser
>>> user=authenticate(username='testuser',password='456')
>>> print(user)
None
```

5. 设置权限

User 模型与 Permission 模型之间是多对多关系，可以从关系的两端为用户设置权限。

通过 User 对象设置权限，示例代码如下。

```
>>> from django.contrib.auth.models import Permission
>>> admins=Permission.objects.filter(codename__endswith='permission')  #获得权限
>>> user=User.objects.get(username='testuser')
>>> user.user_permissions.set(admins)                                    #设置权限
>>> for p in user.user_permissions.all():                                #查看权限
...     print(p.codename,p.name)
...
add_permission Can add permission
change_permission Can change permission
delete_permission Can delete permission
```

```
view_permission Can view permission
```

创建新权限，并授权给用户，示例代码如下。

```
>>> from test.models import person
>>> from django.contrib.contenttypes.models import ContentType
>>> content_type_id=ContentType.objects.get_for_model(person)   #获得模型的 ContentType ID
>>> p=Permission.objects.create(codename='can_analyse_person',
        name='能分析 person 数据',content_type=content_type_id)
>>> user.user_permissions.add(p)                                #添加权限
```

也可通过 Permission 模型为用户授权，示例代码如下。

```
>>> p=Permission.objects.get(codename='view_permission')   #获得权限对象
>>> p.user_set.add(user)                                   #为权限添加关联用户
>>> p.user_set.all()
<QuerySet [<User: testuser>]>
```

也可通过将用户加入组的方式来为用户授权，示例代码如下。

```
>>> g=Group.objects.get(id=1)
>>> g.user_set.add(user)                                   #将用户加入组
```

8.2.3 内置认证视图

V8-7 内置认证视图

Django 在 django.contrib.auth.views.py 中定义了几个用于登录、注销和密码管理的认证视图类。

要使用内置的认证视图，首先需要在配置文件中添加下面的 URL 配置。

```
urlpatterns = [
    path('accounts/', include('django.contrib.auth.urls')),   #导入内置认证视图 URL 配置
    path('accounts/profile/',log_views.login_ok),             #映射自定义的视图
    ……
]
```

Django 在默认视图中会使用项目配置文件 settings.py 中设置的 3 个 URL。

- LOGIN_URL：默认的登录 URL，默认值为"/accounts/login/"。
- LOGIN_REDIRECT_URL：默认的登录成功后转向的 URL，默认值为"/accounts/profile/"。Django 没有为"/accounts/profile/"定义默认视图，上面代码中的"log_views.login_ok"是自定义的视图。
- LOGOUT_REDIRECT_URL：默认的注销登录后转向的 URL，默认值为 None。

如果不使用默认的登录 URL，在导入内置认证视图 URL 时，可以使用其他的路径，示例代码如下。

```
urlpatterns = [
    path(myapp/', include('django.contrib.auth.urls')),       #导入内置认证视图 URL 配置
    path('accounts/profile/',log_views.login_ok),             #映射自定义的视图
    ……
]
```

django.contrib.auth.urls 包含了访问内置认证视图的 URL 配置，代码如下。

```python
from django.contrib.auth import views
from django.urls import path
urlpatterns = [
    path('login/', views.LoginView.as_view(), name='login'),
    path('logout/', views.LogoutView.as_view(), name='logout'),
    path('password_change/', views.PasswordChangeView.as_view(), name='password_change'),
    path('password_change/done/', views.PasswordChangeDoneView.as_view(), name= 'password_change_done' ),
    path('password_reset/', views.PasswordResetView.as_view(), name='password_reset'),
    path('password_reset/done/', views.PasswordResetDoneView.as_view(), name='password_reset_done'),
    path('reset/<uidb64>/<token>/', views.PasswordResetConfirmView.as_view(), name='password_reset_confirm'),
    path('reset/done/', views.PasswordResetCompleteView.as_view(), name='password_reset_complete'),
]
```

在 URL 配置中没有为视图指定模板，所以这些内置认证视图均使用默认的模板文件。

每个内置认证视图都有默认的模板文件名称。例如，登录视图 LoginView 的默认模板文件名称为 registration/login.html。

注意：Django 只指定了登录视图的默认模板文件名，但没有定义该文件。其他的视图都有可以使用的默认模板文件。

通常，在应用的 "templates\registration" 文件夹中创建自定义模板文件。当然，也可在 Python 安装目录下的 "Lib\site-packages\django\contrib\admin\templates\registration" 文件夹（该位置的模板由所有 Django 项目共享）中创建模板文件。

如果要使用其他位置的模板，或者是使用其他的模板文件名，可以在 URL 配置中为视图指定模板。

例如：

```python
from django.contrib.auth import views as auth_views
urlpatterns = [
    path('test/login/', auth_views.LoginView.as_view(template_name='test/login.html')),
    ……
]
```

1. 登录视图 LoginView

登录视图用于处理用户登录操作，该视图默认的 URL 模式名称为 login。在模板中可用{% url 'login' %}获取登录视图 URL。

在采用 GET 方法访问登录视图时，视图显示默认登录表单。当用户输入用户名和密码后再提交表单时，登录视图使用用户数据表 auth_user 中的数据验证用户名和密码是否正确。当用户通过验证时，视图调用 login()方法，将用户的 User 对象写入 Session 对象，同时会在 auth_user 表中记录登录时间。用户未通过验证时，重新显示登录页面，并在页面中显示错误提示信息。

登录视图会向模板传递下列变量。

- form：表单对象，默认为 AuthenticationForm，可以使用自定义的登录表单。
- next：登录成功后的重定向 URL。通常，可以在模板中用一个隐藏的表单字段设置 next，示例代码如下。

```html
<input type="hidden" name="next" value="{{ next }}">
```

- site：当前站点 ID，可在配置文件中用 SITE_ID 变量进行设置。
- site_name：站点名称，视图将其设置为 request.META['SERVER_NAME']。

典型的登录视图模板（registration/login.html）如下。

```html
<center>
    Test 应用：使用 Django 内置登录视图
    {% if form.errors %}
        <p style="color:red">用户名或密码有错，请重新登录！</p>
    {% endif %}
    <form method="post" action="{% url 'login' %}">
        {% csrf_token %}
        <table>
            <tr>
                <td align="right">用户名：</td><td>{{ form.username }}</td>
            </tr><tr>
                <td align="right">密码：</td><td>{{ form.password }}</td>
            </tr>
        </table>
        <input type="submit" value="登录">
        <input type="hidden" name="next" value="{{ next }}">
    </form>
    <p><a href="{% url 'password_reset' %}">忘记了密码？</a></p>
</center>
```

下面的代码定义登录成功后的重定向 URL "/accounts/profile/" 映射的视图。

```python
from django.shortcuts import render
def login_ok(request):
    return render(request,'login_ok.html')
```

模板文件 login_ok.html 代码如下。

```html
{% if user.is_authenticated %}
    登录成功，欢迎：{{ user.username }}，登录时间：{{ user.last_login }}<br>
    {% if perms.test %}
        你拥有访问应用 test 的下列权限：
        <ul>
            {% for a in user.user_permissions.all %}
                <li>{{a.name}},{{a.codename}}</li>
            {% endfor %}
        </ul>
        <p><a href="{% url 'logout2' %}">注销登录？</a></p>
    {% else %}
        <p>你没有访问应用的任何权限！</p>
    {% endif %}
{% else %}
    <p>你还未登录，<a href="{% url 'login' %}">请登录</a></p>
{% endif %}
```

登录成功后，Django 会向重定向模板传递两个变量：user 和 perms。

user 变量是当前用户的 User 对象。perms 变量用于调用 User 对象的 has_module_perms() 方法，检查用户是否拥有访问应用的权限。

perms.test 等同于 user.has_module_perms ('test')，检查用户是否有访问应用 test 的权限。

可用 perms.appname.codename 格式检查用户是否拥有应用的特定访问权限。例如 perms.test.add_permission 等价于 user.has_perm('test.add_permission')。

启动开发服务器后，访问 http://127.0.0.1:8000/accounts/login/，显示登录页面，如图 8-22 所示。

图 8-22　登录页面

如果用户名或密码有错，页面会显示提示信息。如图 8-23 所示。

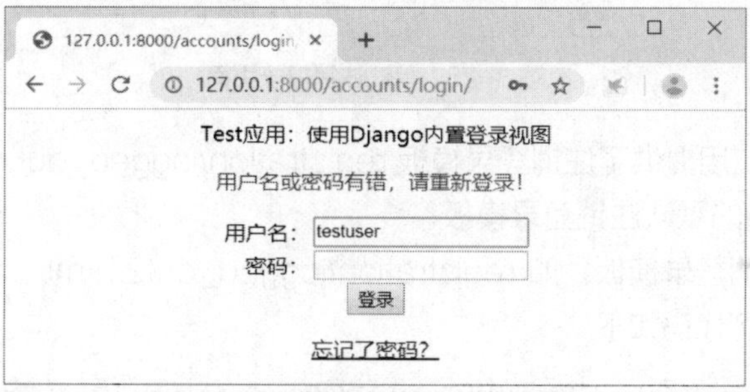

图 8-23　登录信息错误时的登录页面

用户名和密码都正确时，登录成功，页面跳转到登录成功页面，如图 8-24 所示。页面中显示了当前用户名、登录时间和当前用户拥有的权限信息。

图 8-24　成功登录后的页面

2. 注销登录视图 LogoutView

注销登录视图用于处理用户注销登录操作，注销登录会删除 Session 中的用户信息。注销登录视图的默认 URL 模式名称为 logout。

注销登录视图会向模板传递下列变量。

- title：字符串"Logged out"。
- site：当前站点 ID，默认为 SITE_ID 变量值。
- site_name：站点名称。

注销登录视图使用 Admin 站点的默认注销登录模板。在前面的登录成功视图模板 login_ok.html 中，用了下面的代码添加注销登录链接。

```
<p><a href="{% url 'logout' %}">注销登录？</a></p>
```

单击"注销登录？"链接，可执行注销登录操作，并跳转到默认响应页面，如图 8-25 所示。

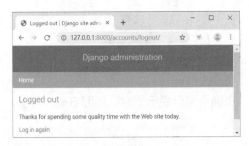

图 8-25　默认注销登录页面

默认情况下，即使应用提供了注销登录模板 registration/logged_out.html，Django 也不会使用，仍使用 Admin 站点的默认注销登录模板。

要使用自定义的注销登录模板，如 registration/logged_out2.html，可在 URL 配置中为注销登录视图指定模板，示例代码如下。

```
path('test/logout/', auth_views.LogoutView.as_view(template_name='registration/logged_out2.html')
,name='logout2'),
```

修改前面的登录成功视图模板 login_ok.html，用下面的代码添加注销登录链接。

```
<p><a href="{% url 'logout2' %}">注销登录？</a></p>
```

registration/logged_out2.html 模板代码如下。

```
成功注销登录，欢迎<a href="{% url 'login' %}">再次登录</a>
```

修改后，在登录成功页面中单击"注销登录？"链接，登录注销页面使用自定义模板，如图 8-26 所示。

图 8-26　使用了自定义模板的登录注销页面

注销登录后，单击浏览器工具栏中的后退按钮，返回前面的登录成功页面。因为用户已注销登录，所以页面中不会显示用户名和权限等信息，如图 8-27 所示。

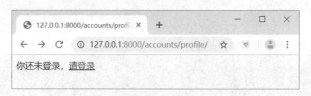

图 8-27　注销后返回的登录成功页面

3. 密码修改视图 PasswordChangeView

密码修改视图用于修改用户密码，视图的默认 URL 模式名称为 password_change。

密码修改视图会向模板传递一个 form 变量，用于引用密码修改表单。默认情况下，密码修改视图使用 Admin 站点的密码修改模板。

修改前面的登录成功视图模板文件 login_ok.html，添加修改密码链接，代码如下。

```
{% if user.is_authenticated %}
    登录成功，欢迎：{{ user.username }}，登录时间：{{ user.last_login }}<br>
    <p><a href="{% url 'password_change' %}">修改密码</a></p>
    {% if perms.test %}
    ……
```

修改后的登录成功页面如图 8-28 所示。

图 8-28　增加密码修改链接后的登录成功页面

单击页面中的"修改密码"链接，跳转到密码修改页面，如图 8-29 所示。

在页面中输入一次旧密码和两次新密码后，单击"CHANGE MY PASSWORD"按钮提交数据，页面跳转。

4. 密码修改完成视图 PasswordChangeDoneView

密码修改完成视图用于处理成功完成密码修改后的信息，默认的 URL 模式名称为 password_change_done。密码修改完成视图显示的默认响应页面如图 8-30 所示。

5. 密码重置视图 PasswordResetView

密码重置视图用于在用户忘记密码时申请重置密码，视图默认的 URL 模式名称为

password_reset。密码重置视图的默认模板文件为 registration/password_reset_form.html，同时，视图还使用下面的两个默认模板。

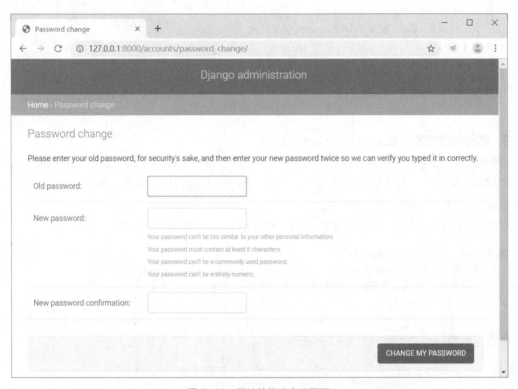

图 8-29　默认的修改密码页面

图 8-30　成功完成密码修改后显示的页面

- 密码重置邮件内容模板：registration/password_reset_email.html，可用视图的 email_template_name 属性设置。
- 密码重置邮件主题模板：registration/password_reset_subject.txt，可用视图的 subject_template_name 属性设置。

在前面的登录视图模板 registration/login.html 中，提供了密码重置链接。

```
<center>
    ……
```

```
    <p><a href="{% url 'password_reset' %}">忘记了密码？</a></p>
</center>
```

在登录页面中单击"忘记了密码？"链接可跳转到默认的密码重置页面，如图 8-31 所示。

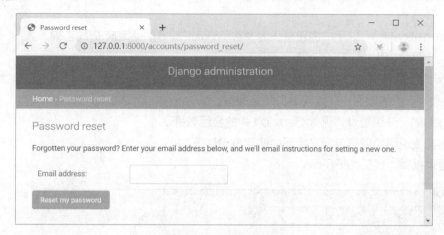

图 8-31　重置密码页面

在密码重置页面输入一个 E-mail 地址后，Django 向该地址发送一封密码重置邮件。

只有当输入的 E-mail 地址在 auth_user 表中存在时，才会向该地址发送密码重置邮件。密码重置邮件包含了一个一次性的链接，用户单击该链接可进入密码重置确认页面设置新的密码。

关于发送电子邮件的详细内容，请参考 8.3 节。

6．密码重置完成视图 PasswordResetDoneView

密码重置完成视图的默认 URL 模式名称为 password_reset_done，默认模板文件为 registration/password_reset_done.html。

如果没有为密码重置视图设置 success_url（成功发送密码重置邮件后的重定向 URL），Django 就会调用密码重置完成视图。

如果用户提供的 E-mail 地址在 auth_user 表中存在，但用户处于不活动状态或者密码无效时，Django 也会调用密码重置完成视图，但不会发送密码重置邮件。

7．密码重置确认视图 PasswordResetConfirmView

用户在密码重置邮件中单击链接，跳转到密码重置视图返回的新密码设置页面。

密码重置确认视图默认的 URL 模式名称为 password_reset_confirm，默认模板文件为 registration/password_reset_confirm.html。

在配置视图 URL 时，应在 URL 中包含两个参数：uidb64 和 token，示例代码如下。

```
path('reset/<uidb64>/<token>/', views.PasswordResetConfirmView.as_view(),
                                name='password_reset_confirm'),
```

其中 uidb64 是基于 64 位的用户 ID 编码，token 是用于检查密码是否有效的令牌。

8．新密码设置完成视图 PasswordResetCompleteView

成功完成新密码设置后调用新密码设置完成视图，视图默认的 URL 模式名称为 password_reset_complete，默认的模板文件为 registration/password_reset_complete.html。

8.2.4 自定义视图中的身份认证

在自定义视图中,可调用 django.contrib.auth 模块提供的下列方法进行身份认证。

V8-8 自定义视图中的身份认证

- authenticate():以用户名和密码为参数验证用户。用户名和密码均正确时,返回该用户的 User 对象,否则返回 None。
- login():执行登录注册。将用户的 User 对象保存到 Session 中。用户登录之前保存在 Session 中的数据,在登录后仍然会保留。
- logout():注销登录,删除 Session 中的会话数据。

下面的实例说明如何在自定义视图中使用身份认证。

定义登录视图,代码如下所示。

```python
from django.contrib.auth import authenticate, login,logout
from django.shortcuts import render,redirect
......
def login_diy(request):
    uid = ''
    news=''
    if request.method == 'POST':
        uid = request.POST['username']
        pwd = request.POST['password']
        user = authenticate(username=uid, password=pwd)  #验证用户
        if user is not None:
            login(request, user)                         #执行登录注册
            return redirect('log_success')               #重定向
        else:
            news="用户名或密码错误!"
    context={'username':uid, 'news':news}
    return  render(request, 'login_diy.html', context)
```

登录视图使用模板 login_diy.html,在模板中用表单接收用户名和密码,代码如下所示。

```html
<form action="" method="POST">
    {% csrf_token %}
    <table>
        <tr><td align="right">用户名: </td><td>
            <input type="text" name="username" value="{{username}}" /></td></tr>
        <tr><td align="right">密码: </td><td>
            <input type="password" name="password" value="" /></td></tr>
    </table>
    <input type="submit" value="提交">
</form>
<span style="color:red">{{news}}</span>
```

定义登录成功处理视图。视图在页面中显示登录成功信息、用户名和注销登录链接,代码如下所示。

```python
def log_success(request):
    news='登录成功,欢迎: %s, <a href="%s">注销登录? </a>'%\
```

```
        (request.user.username,reverse('logoutdiy'))
    return HttpResponse(news)
```

定义登录注销处理视图，视图在页面中显示登录注销成功信息和再次登录链接，代码如下所示。

```
def logout_diy(request):
    logout(request) #注销登录
    news='登录注销成功，欢迎<a href="%s">再次登录？</a>'%reverse('logindiy')
    return HttpResponse(news)
```

各个视图的 URL 配置如下。

```
path('test/logindiy/', log_views.login_diy,name='logindiy'),
path('test/logindiy_success/', log_views.log_success,name='log_success'),
path('test/logoutdiy/', log_views.logout_diy,name='logoutdiy'),
```

启动开发服务器后，在浏览器中访问 http://127.0.0.1:8000/test/logindiy/，打开登录视图，如图 8-32 所示。

图 8-32　自定义登录页面

输入正确的用户名和密码后，单击"提交"按钮，跳转到登录成功页面，如图 8-33 所示。

图 8-33　登录成功页面

单击页面中的"注销登录？"链接，注销登录，跳转到注销成功页面，如图 8-34 所示。

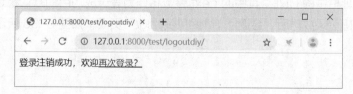

图 8-34　注销成功页面

8.2.5　限制页面登录访问

可以使用自定义方式或者登录装饰器来限制页面登录访问。

V8-9 限制页面登录访问

1. 使用自定义方法限制页面登录访问

通常，可通过 request.user.is_authenticated 的值来判断用户是否已经登录，其值为 True 表示用户已经登录，否则未登录。

下面的视图在用户未登录时跳转到登录页面，用户成功登录后，再返回登录前视图。

```
from chapter8 import settings
......
def testlogin(request):
    if not request.user.is_authenticated:
        return redirect('%s?next=%s' % (settings.LOGIN_URL, request.path)) #未登录时跳转
    else:
        news='欢迎: %s,你已经登录,可以访问本页面, <a href="%s">注销登录? </a>'%\
                                            (request.user.username,reverse('logoutdiy'))
        return HttpResponse(news)
```

settings.LOGIN_URL 是在项目配置文件中定义的默认登录 URL，代码如下所示。

```
LOGIN_URL='/accounts/login/'
```

配置 URL 访问 testlogin 视图，代码如下。

```
path('test/testlog/', log_views.testlogin,name='testlogin'),
```

在浏览器中访问 http://127.0.0.1:8000/test/testlog/，页面跳转到默认登录页面，如图 8-35 所示。

图 8-35　跳转到的登录页面

注意浏览器地址栏中的 URL，其中的 next 参数将作为登录成功后的默认重定向 URL。在页面中输入用户名和密码登录成功后，会返回"/test/testlog/"页面，如图 8-36 所示。

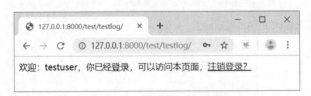

图 8-36　登录成功后的/test/testlog/页面

2. 使用登录装饰器来限制页面登录访问

登录装饰器 login_required 用于限制页面只能在用户登录后访问。例如，前面的 testlogin 视

图可改写为如下代码。

```
from django.contrib.auth.decorators import login_required
……
@login_required
def testlogin2(request):
    news='欢迎: %s, 你已经登录, 可以访问本页面, <a href="%s">注销登录? </a>'%\
                                    (request.user.username,reverse('logoutdiy'))
    return HttpResponse(news)
```

8.2.6　限制页面访问权限

装饰器 permission_required 可用于限制访问页面必须具备特定权限，示例代码如下。

V8-10 限制页面访问权限

```
from django.contrib.auth.decorators import permission_required
……
@permission_required('test.can_testlog')
def testlogin3(request):
    news='欢迎: %s, 你已经登录, 可以访问本页面, <a href="%s">注销登录? </a>'%\
                                    (request.user.username,reverse('logoutdiy'))
    return HttpResponse(news)
```

代码中的"@permission_required('test.can_testlog')"要求用户具有 test 应用的 can_testlog 权限。如果用户没有该权限，则会跳转到 settings.LOGIN_URL 设置的登录页面。

8.2.7　自定义页面访问限制条件

装饰器 user_passes_test 允许使用自定义函数来检测已登录用户是否可以访问页面，示例代码如下。

V8-11 自定义页面访问限制条件

```
def check_in_blacklist(user):                        #检测用户是否在黑名单中
    return not user.username in settings.LOGIN_BLACKLIST
@user_passes_test(check_in_blacklist)
def testlogin4(request):
    news='欢迎: %s, 你已经登录, 可以访问本页面, <a href="%s">注销登录? </a>'%\
                                    (request.user.username,reverse('logoutdiy'))
    return HttpResponse(news)
```

装饰器"@user_passes_test(check_in_blacklist)"在用户未登录或者属于黑名单用户时，使页面重定向到登录页面。

8.3　发送 E-mail

Django 提供了 E-mail 发送工具，通过简单的设置即可发送 E-mail。

V8-12 E-mail 配置

8.3.1　E-mail 配置

要发送 E-mail，需要配置 SMTP 服务，并在项目配置文件中设置 E-mail 选项。

1. 配置 SMTP 服务

以 QQ 邮件为例，进入 QQ 邮箱，在账户设置中开启 SMTP 服务，如图 8-37 所示。

如果 SMTP 服务器已经开启，可先关闭该服务器，然后重新开启。这样，会收到一个授权密码，该密码用于在客户端发送 E-mail。

图 8-37　开启 QQ 邮箱 SMTP 服务

2. 设置 E-mail 选项

在项目配置文件 settings.py 中添加下列设置。

```
EMAIL_HOST='smtp.qq.com'              #发送邮件服务器
EMAIL_PORT=465                        #邮件服务器端口
EMAIL_HOST_USER='XXX@qq.com'          #发送邮件账户
EMAIL_HOST_PASSWORD=XXX               #发送邮件授权密码
EMAIL_USE_SSL=True                    #与 SMTP 服务器通信时是否使用 SSL 连接
DEFAULT_FROM_EMAIL=XXX@qq.com'        #默认邮件发送人
```

8.3.2　发送密码重置邮件

V8-13 发送密码重置邮件

8.2.3 节介绍了 Django 提供的重置密码相关的内置视图。

要发送密码重置邮件，在浏览器中访问 http://127.0.0.1:8000/accounts/password_reset，打开密码重置页面，如图 8-38 所示。

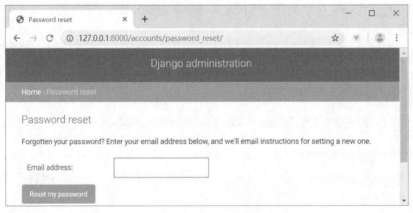

图 8-38　发送密码重置邮件

密码重置邮件包含了一个一次性链接，示例代码如下。

```
You're receiving this email because you requested a password reset for your user account at 127.0.0.1:8000.

Please go to the following page and choose a new password:

http://127.0.0.1:8000/accounts/reset/MTA/58g-c9a7c48d115331705540/
```

```
Your username, in case you've forgotten: testuser

Thanks for using our site!

The 127.0.0.1:8000 team
```

单击链接进入密码重置确认页面，如图 8-39 所示。在页面中输入新密码后，单击"Change my password"按钮完成密码重置。

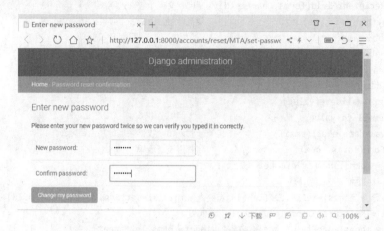

图 8-39　密码重置确认页面

8.3.3　自定义 E-mail 发送

V8-14 自定义 E-mail 发送

django.core.mail 模块提供的 send_mail()方法用于发送 E-mail，其基本格式如下。

```
send_mail(subject, message, from_email, recipient_list, fail_silently=False,
          auth_user=None, auth_password=None, connection=None, html_message=None)
```

其中，subject、message、from_email 和 recipient_list 是必选参数，其他为可选参数。各参数含义如下。

- subject：邮件主题字符串。
- message：邮件内容字符串，text/plain 格式。
- from_email：发件人 E-mail 地址。
- recipient_list：收件人 E-mail 地址列表。
- fail_silently：True 或 False。为 False 时，邮件发送失败会触发异常 smtplib.SMTPException。
- auth_user：发送账户，默认为 EMAIL_HOST_USER 值。
- auth_password：发送邮件的授权密码，默认为 EMAIL_HOST_PASSWORD 值。
- connection：邮件发送后端，默认为 SMTP 后端。
- html_message：HTML 格式的邮件内容，text/html 格式。邮箱通常显示 HTML 格式的邮件内容，并可切换为纯文本的 message 内容。

下面的例子实现一个表单,接收用户输入的邮件主题、邮件内容、发件人 E-mail 地址和收件人 E-mail 地址等信息,然后调用 send_mail()方法发送邮件。

1. 定义邮件发送表单

邮件发送表单代码如下。

```python
from django import forms
from django.core.validators import validate_email
......
class MultiRecipientField(forms.CharField):     #自定义多个收件人字段
    def to_python(self, value):                 #将分号分隔的多个收件人转换为列表
        if not value:
            return []
        return value.split(';')
    def validate(self, value):
        super().validate(value)
        for email in value:
            validate_email(email)               #验证每个收件人地址是否有效
class emailForm(forms.Form):                    #邮件发送表单
    subject = forms.CharField(label='主题')
    #发件人默认使用邮件发送账户
    from_email = forms.EmailField(label='发件人',initial=settings.EMAIL_HOST_USER)
    to_email = MultiRecipientField(label='收件人')
    message = forms.CharField(label='内容',widget=forms.Textarea)
```

收件人通常为分号分隔的多个 E-mail 地址,所以使用自定义字段来实现。

2. 定义邮件发送视图

视图在表单提交数据时(请求方法为 POST),首先检验表单数据是否有效。在数据有效时调用 send_email()方法发送邮件,视图代码如下。

```python
from django.core.mail import send_mail
......
def sendEmail(request):
    msg=''
    if request.method == 'POST':                #处理表单提交的邮件内容
        form = emailForm(request.POST)
        if form.is_valid():
            subject=form.cleaned_data['subject']
            from_email=form.cleaned_data['from_email']
            to_email=form.cleaned_data['to_email']
            message=form.cleaned_data['message']
            send_mail(subject,message,from_email,to_email,fail_silently=False)
            form = emailForm()                  #邮件发送成功后,显示空白表单
            msg='已成功发送邮件!'                #设置邮件发送成功信息
    else:
        form = emailForm()                      #非 POST 方法请求视图时,显示空白表单
    return render(request, 'sendemail.html', {'form': form,'msg':msg})
```

3. 定义邮件发送模板

在模板 sendemail.html 中使用邮件发送表单,代码如下。

```
Django自定义邮件发送表单
<form action="" method="POST">
    {% csrf_token %}
    <table>{{form}}</table>
    <input type="submit" value="发送">
</form>
<span style="color:red">{{msg}}</span>
```

4. 配置 URL

访问邮件发送视图 sendEmail 的 URL 配置如下。

```
from test import views as log_views
……
urlpatterns = [
    ……
    path('sendemail/', log_views.sendEmail),
]
```

启动开发服务器后,在浏览器中访问,打开邮件发送页面,如图 8-40 所示。

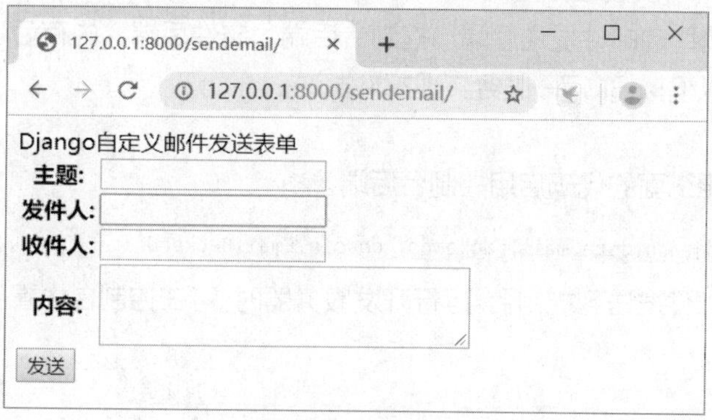

图 8-40 邮件发送页面

输入主题、发件人、收件人和内容后,单击"发送"按钮发送邮件。成功发送邮件后,除了默认的发件人字段外,其他字段会清空,并显示邮件发送成功的提示信息,如图 8-41 所示。

图 8-41 邮件发送成功

8.3.4 E-mail 后端

V8-15 E-mail 后端

邮件发送操作由 E-mail 后端完成。Django 默认使用 SMTP 后端，即邮件由 SMTP 服务器发送。也可在 Django 配置文件中明确使用的后端配置，示例代码如下。

```
EMAIL_BACKEND = 'django.core.mail.backends.smtp.EmailBackend'
```

使用 SMTP 后端时，需在配置文件中配置下列变量。
- EMAIL_HOST：邮件发送服务器地址。
- EMAIL_PORT：邮件发送服务器端口。
- EMAIL_HOST_USER：发送邮件使用的账户名称。
- EMAIL_HOST_PASSWOR：发送邮件使用的授权密码。
- EMAIL_USE_SSL：发送邮件时是否使用 SSL 连接。
- DEFAULT_FROM_EMAIL：默认发件人。

SMTP 后端会将邮件发送给指定的收件人。在开发过程中，可能并不需要完成实际的邮件发送。Django 提供了几种辅助的邮件发送后端：控制台后端、文件后端、内存后端和虚拟后端。使用这些邮件发送后端，可以模拟 SMTP 服务实现邮件发送。

1. 控制台后端

在配置文件中使用下面的代码启用控制台后端。

```
EMAIL_BACKEND = 'django.core.mail.backends.console.EmailBackend'
```

控制台后端会将邮件发送到控制台。运行开发服务器时，可在控制台中看到邮件信息，如图 8-42 所示。

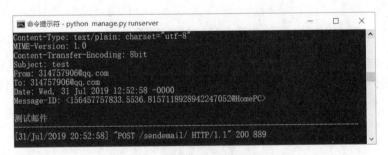

图 8-42 控制台中显示的邮件信息

2. 文件后端

文件后端会将邮件信息写入文件。在配置文件中使用下面的代码启用文件后端。

```
EMAIL_BACKEND = 'django.core.mail.backends.filebased.EmailBackend'
EMAIL_FILE_PATH = os.path.join(BASE_DIR, 'test/email_files')    #邮件文件路径
```

每次发送邮件时，Django 会将时间戳作为文件名，将邮件内容写入文本文件，如图 8-43 所示。

3. 内存后端

在配置文件中使用下面的代码启用内存后端。

```
EMAIL_BACKEND = 'django.core.mail.backends.locmem.EmailBackend'
```

在使用内存后端时，Django 会为 django.core.mail 模块创建一个 outbox 属性，用于保存邮件内容。outbox 属性值是一个列表，其中的每一封邮件是一个 EmailMessage 对象。

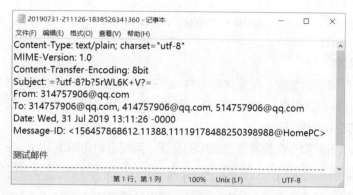

图 8-43　写入文件的邮件内容

4．虚拟后端

在配置文件中使用下面的代码启用虚拟后端。

```
EMAIL_BACKEND = 'django.core.mail.backends.dummy.EmailBackend'
```

使用虚拟后端时，可在浏览器中完成邮件发送操作，但虚拟后端不对邮件执行任何操作。

8.4　会话控制

会话通常指浏览器与 Web 服务器之间的通信。HTTP 协议是无状态的，Web 服务器无法知道用户上一次的会话数据。会话控制维护用户在访问网站过程中的状态。会话控制通常使用 Session 和 Cookie 来实现。通常把 Session 称为会话对象，Web 服务器会为每个用户创建一个 Session 对象，Session 对象在服务器端保存用户数据。Cookie 用于在浏览器端保存用户数据，Web 服务器可创建和读写 Cookie。

8.4.1　启用会话控制

启用 Django 会话控制包括注册会话应用、启用会话中间件和配置会话引擎等操作。

1．注册会话应用

在配置文件的 INSTALLED_APPS 变量中添加 django.contrib.sessions 应用，示例代码如下。

```
INSTALLED_APPS = [
    ......
    'django.contrib.sessions',
]
```

默认情况下，Django 会注册 django.contrib.sessions 应用。如果不使用会话控制，可从 INSTALLED_APPS 变量中将其删除，以节省项目运行开销。

2. 启用会话中间件

在配置文件的 MIDDLEWARE 变量中添加会话中间件（Django 默认启用），示例代码如下。

```
MIDDLEWARE = [
    ......
    'django.contrib.sessions.middleware.SessionMiddleware',
]
```

3. 配置会话引擎

会话引擎负责存储会话数据。配置文件中的 SESSION_ENGINE 变量用于配置会话引擎。Django 提供 5 种会话引擎：数据库后端、缓存、数据库+缓存、文件和 Cookie。

- 基于数据库后端的会话

数据库后端会话引擎用于实现基于数据库的会话，其配置语句如下。

```
SESSION_ENGINE='django.contrib.sessions.backends.db'
```

数据库后端会话引擎是 Django 的默认设置，可以省略 SESSION_ENGINE 变量的配置。

基于数据库的会话使用数据库中的 django_session 表存储会话数据。可以通过 django.contrib.sessions.models.Session 模型访问 django_session 表。django_session 表保存会话关键字、会话数据和会话过期时间等数据，如图 8-44 所示。

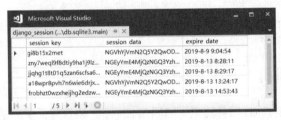

图 8-44　django_session 表数据

- 基于缓存的会话

缓存会话引擎用于实现基于缓存的会话，其配置语句如下。

```
SESSION_ENGINE='django.contrib.sessions.backends.cache'
```

基于缓存的会话在高速缓存中存储会话数据，除了需要配置缓存会话引擎外，还需要配置缓存。例如，下面的语句设置 Django 在数据库表中存储缓存数据。

```
CACHES = {
    'default': {
        'BACKEND': 'django.core.cache.backends.db.DatabaseCache',
        'LOCATION': chapter8_cache_table,    #指定数据库缓存表名称
    }
}
```

同时，执行下面的命令创建数据库缓存表。

```
python manage.py createcachetable
```

- 基于数据库+缓存的会话

数据库+缓存会话引擎用于实现基于数据库+缓存的会话，其配置语句如下。

```
SESSION_ENGINE='django.contrib.sessions.backends.cached_db'
```

使用基于数据库+缓存的会话时,Django 将会话数据同时写入缓存和数据库表。

- 基于文件的会话

文件会话引擎用于实现基于文件的会话,引擎将会话数据写入临时文件,其配置语句如下。

```
SESSION_ENGINE='django.contrib.sessions.backends.file'
SESSION_FILE_PATH= 'chapter8/session_file'    #会话文件路径
```

- 基于 Cookie 的会话

Cookie 会话引擎用于实现基于 Cookie 的会话,引擎将会话数据写入 Cookie,其配置语句如下。

```
SESSION_ENGINE='django.contrib.sessions.backends.signed_cookies'
```

4. 会话相关配置

配置文件中的会话相关配置如下。

```
SESSION_CACHE_ALIAS = 'default'              #存放会话数据的后端名称,默认为 default
SESSION_COOKIE_NAME = 'sessionid'            #Cookie 中的会话名称,默认为 sessionid
SESSION_COOKIE_AGE = 60 * 60 * 24 * 7 * 2    #Cookie 有效时间,默认为 2 周
SESSION_COOKIE_DOMAIN = None                 #Cookie 中的会话域名,默认为 None
SESSION_COOKIE_SECURE = False                #是否使用 HTTPS 协议传输 Cookie,默认为 False
SESSION_COOKIE_PATH = '/'                    #Cookie 中的会话路径,默认为/
SESSION_COOKIE_HTTPONLY = True               #会话 Cookie 是否只支持 HTTP 传输,默认为 True
SESSION_SAVE_EVERY_REQUEST = False           #每次请求后保存会话,默认为 False
SESSION_EXPIRE_AT_BROWSER_CLOSE = False      #每次关闭浏览器使会话失效
```

SESSION_COOKIE_HTTPONLY 值设置为 True 时,客户端不能通过 JavaScript 脚本访问会话 Cookie,从而提高 Cookie 的安全性。

8.4.2 会话对象方法

在命令行,可用下面的命令创建会话对象。

V8-17 会话对象方法

```
>>> from django.contrib.sessions.backends.db import SessionStore
>>> session=SessionStore()                #创建会话对象
```

会话对象的常用操作如下。

- __setitem__(key, value):以字典方式修改会话数据,示例代码如下。

```
>>> session['data']=123
```

- __getitem__(key):以字典方式读取会话数据。该方法在会话对象不包含指定的键 key 时会报错,示例代码如下。

```
>>> data=session['data']
>>> data
123
>>> data=session['data2']
Traceback (most recent call last):
  File "<console>", line 1, in <module>
```

```
  File "D:\Python37\lib\site-packages\django\contrib\sessions\backends\base.py", line 54, in
__getitem__
    return self._session[key]
KeyError: 'data2'
```

- __delitem__(key)：支持用 del 语句删除指定会话数据。该方法在会话对象不包含指定的键时会报错。

```
>>> del session['data']
```

- __contains__(key)：支持 in 操作符，判断会话中是否包含指定的键，示例代码如下。

```
>>> 'data' in session
True
>>> 'data2' in session
False
```

- get(key, default=None)：读取会话数据。如果指定的键不存在，方法默认返回 None。可在方法的第二个参数中指定默认返回值，示例代码如下。

```
>>> session.get('data')
123
>>> session.get('data2',False)
False
```

- pop(key, default=__not_given)：读取会话数据，并将其从会话中删除，示例代码如下。

```
>>> session.pop('data')
123
>>> 'data' in session
False
>>> session.pop('data2',False)
False
```

- keys()：返回会话中的全部键，示例代码如下。

```
>>> session.keys()
dict_keys([])
>>> session['data']=123
>>> session['data2']='abc'
>>> session.keys()
dict_keys(['data', 'data2'])
```

- items()：返回会话中的全部键值对，示例代码如下。

```
>>> session.items()
dict_items([('data', 123), ('data2', 'abc')])
```

- clear()：删除所有会话数据，示例代码如下。

```
>>> session.clear()
```

- flush()：删除所有会话数据，包括会话 Cookie，示例代码如下。

```
>>> session.flush()
```

- set_test_cookie()：创建一个测试 Cookie，用于检测浏览器是否支持 Cookie，示例代码如下。

```
>>> session.set_test_cookie()
```

- test_cookie_worked()：在创建了测试 Cookie 之后调用该方法，方法返回 True 或 False，True 表示客户端浏览器支持 Cookie，示例代码如下。

```
>>> session.test_cookie_worked()
True
```

- delete_test_cookie()：删除测试 Cookie，示例代码如下。

```
>>> session.delete_test_cookie()
```

- set_expiry(value)：设置会话过期时间。value 为 0 时，会话在关闭浏览器时过期，示例代码如下。

```
>>> session.set_expiry(600)    #设置过期时间为 10 分钟。
```

- get_expiry_age()：返回会话过期时间的秒数，示例代码如下。

```
>>> session.get_expiry_age()
600
```

- get_expiry_date()：返回会话过期的日期，示例代码如下。

```
>>> session.get_expiry_date()
datetime.datetime(2019, 8, 1, 9, 19, 23, 762028, tzinfo=<UTC>)
```

- get_expire_at_browser_close()：返回 True 或 False，True 表示会话在关闭浏览器时过期，示例代码如下。

```
>>> session.get_expire_at_browser_close()
False
```

- clear_expired()：删除已过期的会话，示例代码如下。

```
>>> session.clear_expired()
```

- cycle_key()：创建一个新的会话关键字，保留当前会话数据。

```
>>> session.cycle_key()
```

8.4.3 在视图中使用会话

视图函数的第一个参数为 HttpRequest 对象（参数名称按惯例为 request）。启用会话时，Django 会为 HttpRequest 对象创建一个 session 属性，用于引用会话对象。

V8-18 在视图中使用会话

下面视图使用会话来保存自定义网页背景颜色。

```
def setcolor(request):    #设置颜色
    if request.method == 'POST':
        color=request.POST.get('color')        #获得客户端提交的颜色值
        request.session['bgcolor']=color       #将颜色存入 session
        return redirect('usecolor')            #跳转到颜色使用视图
    return render(request, 'selectcolor.html')
```

模板 selectcolor.html 使用表单选择颜色,代码如下。

```html
<form action="" method="post">
    {% csrf_token %}
    请选择页面背景颜色
    <input type="color"  name="color" value="White" /><br>
    <input type="submit" value="提交" />
</form>
```

模板的表单中使用了{% csrf_token %},表示 Django 会对表单执行 CSRF 校验,CSRF 校验会使用 Cookie。如果浏览器禁用了 Cookie,将无法完成表单提交操作,会显示报错页面。

下面的视图使用会话中保存的颜色,将其传递给模板。

```python
def usecolor(request):                                    #使用颜色
    color=request.session.get('bgcolor',False)            #获取 session 中的颜色
    if not color:
        return redirect('setcolor')                       #当会话中没有颜色数据时,跳转到颜色设置视图
    return render(request, 'usecolor.html',{'bgcolor':color})
```

模板 usecolor.html 使用视图传递的颜色设置页面背景颜色,代码如下。

```html
<body style="background-color:{{bgcolor}}">
    session 中保存的背景颜色为: {{bgcolor}}
</body>
```

访问视图的 URL 配置如下。

```python
path('setcolor/', log_views.setcolor,name='setcolor'),
path('usecolor/', log_views.usecolor,name='usecolor'),
```

启动开发服务器,在浏览器中访问 http://127.0.0.1:8000/usecolor/,因为会话中还没有颜色数据,浏览器会跳转到颜色设置页面。颜色设置页面如图 8-45 所示。

图 8-45　颜色设置页面

选择颜色后单击"提交"按钮,如果浏览器禁用了 Cookie,会显示如图 8-46 所示的错误提示信息。

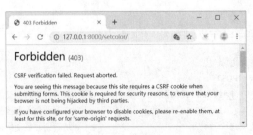

图 8-46　CSRF 校验失败报错页面

在浏览器设置中启用 Cookie，然后重新访问 http://127.0.0.1:8000/setcolor/，选择颜色后提交。浏览器会跳转到使用颜色页面，并用选择的颜色设置页面背景颜色，如图 8-47 所示。

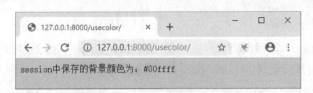

图 8-47　使用了背景颜色的页面

8.5 实践：自定义 User 模型

V8-19 自定义 User 模型

本节综合应用本章讲解的知识，创建一个 myUser 模型，模型除了包含 Django 默认 User 模型的所有字段外，还包含 QQ 号和手机号字段。在项目中使用 myUser 模型替换默认 User 模型。在视图中使用 myUser 模型实现用户登录和新用户注册功能。

具体操作步骤如下。

（1）执行下面的命令创建 chapter8practice 项目。

```
D:\>django-admin startproject chapter8practice
```

（2）执行下面的命令，在项目中创建 userdiy 应用。

```
D:\>cd chapter8practice
D:\chapter8practice>python manage.py startapp userdiy
```

（3）用 Visual Studio 打开项目主文件夹 chapter8practice。

（4）修改 userdiy 应用中的 models.py 文件，通过扩展 AbstractUser 模型来创建自定义的 myUser 模型，代码如下。

```python
from django.db import models
from django.contrib.auth.models import AbstractUser
from django.core.exceptions import ValidationError
import re
def validate_qq(value):                              #自定义 qq 号字段校验函数，判断 QQ 号是否为 5~11 位数字
    s=re.match(r"^[1-9]\d{4,10}",value)
    if not( s and s.end()==len(value) and len(value)>4):
        raise ValidationError('QQ 号不正确: %s' % value)

def validate_phone(value):                           #自定义手机号字段校验函数，判断手机号是否正确
    s=re.match(r"1[345789]\d{9}",value)
    if not( s and s.end()==len(value) and len(value)==11):
        raise ValidationError('手机号不正确: %s' % value)

class myUser(AbstractUser):
    qq=models.CharField(max_length=11,verbose_name='QQ 号',validators=[validate_qq])
    phone=models.CharField(max_length=11,verbose_name='手机号',validators=[validate_phone])
```

（5）修改 userdiy 应用中的 admin.py，在 Admin 站点中注册模型，代码如下。

```
from django.contrib import admin
from .models import myUser
admin.site.register(myUser)                    #在 Admin 站点中注册模型
```

（6）修改 settings.py 项目配置文件，注册 userdiy 应用，并设置 AUTH_USER_MODEL 变量以使用自定义模型替换默认的 User 模型，代码如下。

```
INSTALLED_APPS = [
    ……
    'userdiy',                                  #注册应用
]
AUTH_USER_MODEL = 'userdiy.myUser'              #替换默认 User 模型
```

（7）在命令行执行下面的命令完成数据库迁移操作。

```
D:\chapter8practice>python manage.py makemigrations
Migrations for 'userdiy':
  userdiy\migrations\0001_initial.py
    - Create model myUser

D:\chapter8practice>python manage.py migrate
Operations to perform:
  Apply all migrations: admin, auth, contenttypes, sessions, userdiy
Running migrations:
……
  Applying sessions.0001_initial... OK
```

（8）执行下面的命令，创建 Admin 站点的超级用户。

```
D:\chapter8practice>python manage.py createsuperuser
Username: admin
Email address:
Password:
Password (again):
Superuser created successfully.
```

（9）执行下面的命令启动开发服务器。

```
D:\chapter8practice>python manage.py runserver
```

（10）在浏览器中访问 http://127.0.0.1:8000/admin，用步骤（8）创建的超级用户登录，进入 Admin 站点首页，如图 8-48 所示。页面中的 USERDIY 代表了项目中的 userdiy 应用，其下的 Users 为用户模型。虽然已经使用 myUser 模型替换了默认的 User 模型，但 Admin 站点页面中显示的用户模型名称为默认的 User（单数，复数名称为 Users）。

（11）单击 Users 行中的"Add"链接，进入添加用户页面。在页面下方可看到在模型 myUser 中添加的 QQ 号和手机号字段，如图 8-49 所示。

（12）输入各个字段数据，创建一个新用户，测试 QQ 号和手机号字段的自定义校验函数是否正确。

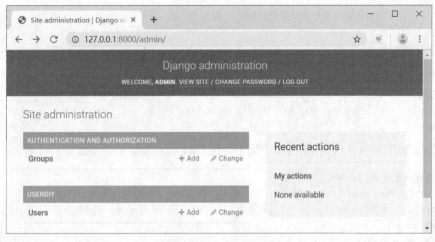

图 8-48　Admin 站点首页

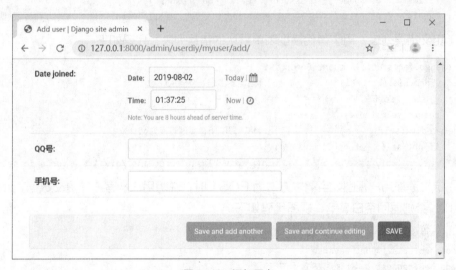

图 8-49　添加用户

（13）设计登录模板 login.html，代码如下。

```
<center>
    使用自定义模型实现的用户登录页面
    {% if form.errors %}
    <p style="color:red">用户名或密码有错，请重新登录！</p>
    {% endif %}
    <form method="post" action="{% url 'login' %}">
        {% csrf_token %}
        <table>
            <tr>
                <td align="right">用户名：</td>
                <td>{{ form.username }}</td>
            </tr>
            <tr>
                <td align="right">密码：</td>
```

```html
            <td>{{ form.password }}</td>
        </tr>
    </table>
    <input type="submit" value="登录">
    <input type="hidden" name="next" value="{% url 'change_user' %}">
</form>
<p><a href="{% url 'add_new' %}">新用户注册</a></p>
</center>
```

（14）定义模型表单 myUserForm，用于处理 myUser 模型的访问数据。

```python
from .models import myUser
from django.forms import ModelForm
class myUserForm(ModelForm):              #定义模型表单，用于处理 myUser 模型的数据
    class Meta:
        model = myUser
        fields = ['username', 'password','email','qq','phone']
        labels = {'username':'用户名', 'password':'密码','email':'Email'}     #其他字段用默认 label
```

（15）定义错误列表，用于替代模型表单默认的错误列表，代码如下。

```python
from django.forms.utils import ErrorList
class myErrorList(ErrorList):             #自定义错误列表格式
    def __str__(self):
        return self.todivs()
    def todivs(self):                     #将字段的所有错误转换为<div>
        if not self: return ''
        return '<div >%s</div>' % ''.join(['<div class="error">%s</div>' % e for e in self])
```

（16）定义添加用户视图。当请求方法为 POST 时，说明用户从客户端提交数据，此时视图执行保存操作；否则返回空白表单，视图代码如下。

```python
from django.shortcuts import render,redirect
from django.urls import reverse
def add_new(request): #处理添加的新用户
    msg=''
    if request.method == 'POST':
        #当用户提交新用户数据时，用数据创建模型表单
        mform = myUserForm(request.POST,auto_id=False,error_class=myErrorList)
        if mform.is_valid():
            #当表单通过验证时执行数据处理
            user_name=mform.cleaned_data['username']
            password=mform.cleaned_data['password']
            u=myUser.objects.filter(username=user_name)  #用表单数据查询
            mform.save()                                 #将数据存入数据库
            #保存模型表单时，密码以明文的形式存入 password 字段，应通过 set_password()方法设置密码
            u=myUser.objects.get(username=user_name)     #用表单数据查询
            u.set_password(password)                     #正确处理密码字段
            u.save()                                     #保存对密码的修改
            msg='数据已保存！'
        else:
            msg='数据有错，请修改后重新提交！'
```

```
        else:
            mform = myUserForm()                              #创建空白表单
            msg='请输入数据添加注册新用户！'
    title='新用户注册,<a href="%s">登录</a>'%reverse('login')
    return render(request, 'edit_user.html', {'form': mform,'msg':msg,'title':title})
```

（17）定义修改用户数据视图。当请求方法为 POST 时，说明用户从客户端提交数据，此时视图使用提交的数据修改用户；否则使用 request 对象中保存的已登录用户数据创建表单并将其返回给用户，视图代码如下。

```
from django.contrib.auth.decorators import login_required
@login_required                                        #必须登录后才能修改个人数据
def change_user(request):                              #处理用户数据修改
    if request.method == 'POST':
        #提交表单时采用 POST 方法，用提交的数据修改当前用户
        mform = myUserForm(request.POST,auto_id=False,error_class=myErrorList)#创建表单
        data_ok=mform.is_valid()                #执行表单验证，检查数据是否正确
        user_name=request.POST.get('username')  #获得提交的用户名
        if not data_ok:
            #当没有修改用户名时，模型表单会报错，认为已存在相同的用户名
            #此时也应使用提交的数据修改用户，下面的语句用于检测这种情况
            error_msg='username already exists'
            username_error='%s'%mform.errors.get('username')
            if username_error.find(error_msg)>-1 and user_name==request.user.username:
                name_ok= True                   #当未修改用户名时，忽略表单报告的用户名重复错误
            else:name_ok= False
        if data_ok or (name_ok and not data_ok):  #数据通过校验时，用其修改当前用户
            u=myUser.objects.get(username=request.user.username)   #获得要修改的模型对象
            #本例中将要修改和未修改用户名统一处理，所以在此更改了用户名
            u.username=user_name
            u.set_password(request.POST.get('password')) #注意密码字段的修改方式
            u.email=request.POST.get('email')
            u.qq=request.POST.get('qq')
            u.phone=request.POST.get('phone')
            u.save()                              #将模型对象数据写入数据库
            return redirect(reverse('login'))     #完成数据修改后，重定向到登录页面
        else:msg='数据有错，请修改后重新提交！'
    else:
        #请求方法不是 POST，说明是通过 URL 请求，
        #此时用 request 中的已登录用户数据创建表单
        username=request.user.username
        email=request.user.email
        qq=request.user.qq
        phone=request.user.phone
        data={'username':username, 'password':'','email':email,'qq':qq,'phone':phone}
        mform = myUserForm(data,auto_id=False,error_class=myErrorList)#创建表单
        mform.errors.clear()    #表单会报告已存在同名用户错误，所以在此清除错误信息
        msg='修改当前用户数据'
    title='修改用户数据，当前用户名：%s,<a href="%s">登录</a>'\
              %(request.user.username,reverse('login'))
```

```
        return render(request, 'edit_user.html', {'form': mform,'msg':msg,'title':title})
```

（18）添加用户和修改用户使用同一个模板 edit_user.html，模板向用户展示现有数据，并接收用户输入的新数据。模板 edit_user.html 代码如下。

```
<style>
    .error { color: red }
</style>
{{ title|safe}}<hr>
<form action="" method="post">
    {% csrf_token %}
    <table>
        {{form}}
        <tr>
            <td colspan="3"><input type="submit" value="提交" id="submit" /></td>
        </tr>
    </table>
</form>
<hr>
<span style="color:red">{{msg|safe}}</span>
```

（19）配置 URL。

```
from django.contrib import admin
from django.urls import path
from django.contrib.auth import views as auth_views
from userdiy import views as diy_views
urlpatterns = [
    path('admin/', admin.site.urls),
    path('login/', auth_views.LoginView.as_view(template_name='login.html'),name='login'),
    path('add/', diy_views.add_new,name='add_new'),
    path('change/', diy_views.change_user,name='change_user'),
]
```

（20）在浏览器中访问 http://127.0.0.1:8000/login/，打开登录页面，如图 8-50 所示。

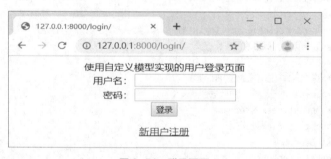

图 8-50　登录页面

（21）在页面中单击"新用户注册"链接，打开新用户注册页面，如图 8-51 所示。图中，密码字段显示了字段的 help_text 信息。

（22）在页面中输入数据，单击"提交"按钮提交数据。当数据有错误时，页面会显示各个字段的错误信息，如图 8-52 所示。

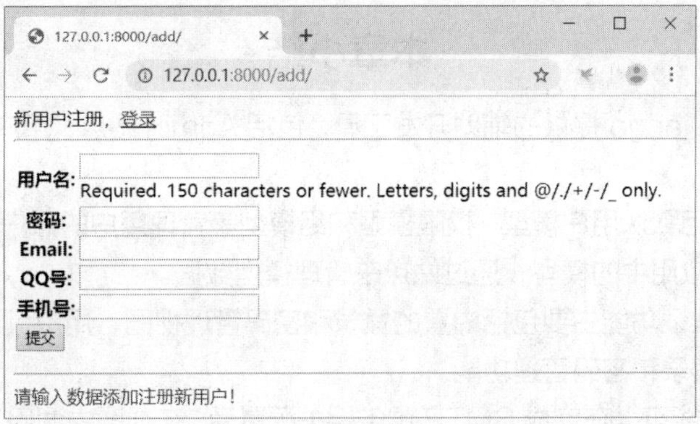

图 8-51　默认的新用户注册页面

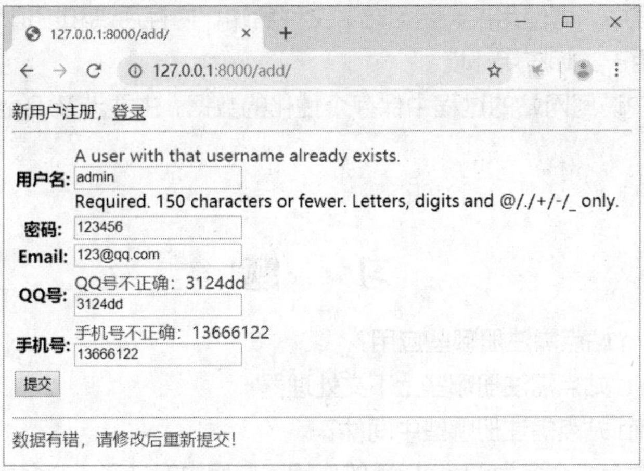

图 8-52　有错误时的新用户注册页面

（23）如果输入的数据正确，数据会被保存进数据库，浏览器会跳转到登录页面。成功登录后，跳转到用户数据修改页面，如图 8-53 所示。页面默认显示了当前用户的数据。数据修改页面和新用户注册页面使用的是同一个模板，所以页面操作完全相同，只是完成数据处理的视图不同。

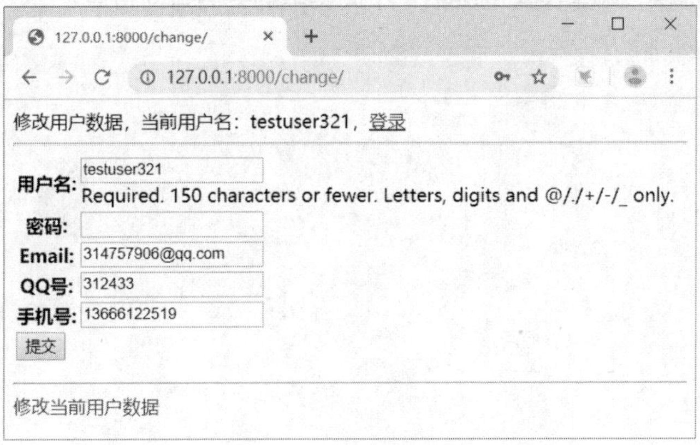

图 8-53　数据修改页面

本章小结

本章主要介绍 Django 提供的辅助开发工具，包括 Admin 站点、用户认证、发送 E-mail 和会话控制等内容。

Admin 站点利用默认用户模型、权限模型和组模型等管理用户的账户及权限数据。可以在 Admin 站点中注册应用中的模型，通过站点来管理模型数据。

Django 用户认证功能主要包括内置的登录和密码管理视图，用户可通过默认或自定义模板，快速实现用户登录和密码管理功能。

E-mail 发送功能可以在完成 SMTP 服务相关配置后，在视图中调用 send_mail()方法发送邮件。邮件实际发送操作由 E-mail 后端完成，实际应用环境主要通过 SMTP 服务器实现邮件发送。在开发过程中，可使用控制台后端、文件后端、内存后端和虚拟后端等来模拟邮件发送，这些后端不能用于实际应用环境。

会话控制在用户访问网站的过程中保存个性化的数据，主要涉及 Session 和 Cookie 的使用。

习 题

（1）启用 Admin 站点需注册哪些应用？
（2）启用 Admin 站点需注册哪些上下文处理器？
（3）启用 Admin 站点需注册哪些中间件？
（4）假设项目中有一个名为 Practice 的应用，应用中定义了一个名为 myData 的模型。请问必须完成哪些设置才能在 Admin 站点中管理 myData 模型？
（5）请问 Django 提供了哪些内置认证视图，其中哪些视图必须由用户提供模板？
（6）请问在项目中发送 E-mail 需要完成哪些设置？
（7）请问需要完成哪些设置才能在 Django 项目中使用会话控制？
（8）Django 提供了哪些类型的会话？不同类型的会话有何特点？

第 9 章
Python 在线题库

本章综合应用本书讲解的各种知识，实现一个"Python 在线题库"。Python 在线题库主要包括试题管理、试卷模板定制和试卷导出等功能。题库主要通过扩展 Django 提供的 Admin 站点来实现。

本章要点
- 了解项目功能分析的方法
- 了解项目数据库设计的方法
- 掌握项目的实现
- 掌握项目的数据管理

9.1 项目设计

9.1.1 功能分析

Python 在线题库主要具有试题管理、试卷模板定制和试卷导出等功能。
- 试题管理：具有试题管理权限的用户可以添加、修改和删除题库中的试题。
- 试卷定制模板：具有试卷定制权限的用户可以设置各种类型的试题在试卷中的数量和分值，后台根据设置随机抽题生成试卷。
- 试卷导出：预览试卷内容、下载试卷 Word 文件。

9.1.2 数据库设计

Python 在线题库主要包含 4 个数据表：试题类型表、试题表、试卷模板表和试卷内容表。
- 试题类型表：保存试题类型名称。参照全国计算机等级考试二级 Python 考试大纲，试题类型包括单项选择题、基本操作题、简单应用题和综合应用题。试题类型表包含试题类型 ID 和试题类型名称字段。
- 试题表：保存试题。试题表包含试题 ID、试题题干、试题选项、试题图片和参考答案等字段。仅单项选择题有试题选项，每小题的选项用 JSON 字符串表示。试题表与试题类型表之间是多对一关系，一种试题类型对应多道试题。
- 试卷模板表：保存一套试卷的试题设置。试卷模板表包含试卷模板 ID、模板名称、制卷时间、单项选择题数量、单项选择题分值、基本操作题数量、基本操作题分值、简单应用题数量、简单应用题分值、综合应用题数量和综合应用题分值等字段。
- 试卷内容表：保存根据试卷模板随机生成的试卷，包含试卷内容ID、试卷名称和试题ID列表。试题ID列表是由随机抽取的试题的ID组成的列表。试卷内容表和试卷模板表之间是多对一关系，一个试卷模板可以随机生成多套试卷。

项目中用户管理功能使用默认的Admin站点来实现，相应的模型使用Django默认的用户模型和权限模型。

9.2 项目实现

项目主要通过扩展Admin站点来实现。在实现时首先应创建项目和应用，在应用中定义模型，并将模型注册到Admin站点，通过Admin站点完成数据管理操作。实现数据管理，并在题库中添加一定数量的试题后，才能进一步实现试卷导出功能。

9.2.1 创建项目和应用

V9-1 创建项目和应用

将题库项目命名为chapter9，在项目中创建应用ItemPool，在应用中完成项目的相关功能实现。

创建项目和应用的具体操作步骤如下。

（1）执行下面的命令创建项目chapter9。

```
D:\>django-admin startproject chapter9
```

（2）执行下面的命令，在项目中创建应用ItemPool。

```
D:\>cd chapter9
D:\chapter9>python manage.py startapp ItemPool
```

9.2.2 创建模型和数据库

具体操作步骤如下：

（1）用Visual Studio打开项目主文件夹chapter9。

（2）修改应用ItemPool中的models.py文件，为项目的试题类型表、试题表、试卷模板表和试卷内容表等定义模型，示例代码如下。

V9-2 创建模型和数据库

```python
from django.db import models
from django.utils.html import format_html
class itemType(models.Model):  #试题类型模型
    name=models.CharField(max_length=10,verbose_name='试题类型名称')
    #itemType 和 testItem 是一对多关系，在 testItem 对象得添加和修改页面中，
    #默认显示关联对象"itemType object(1)"等，为模型定义__str__方法，
    #可使关联对象显示为__str__方法的返回值。
    def __str__(self):
        return self.name
    class Meta:
        #默认情况下 itemType 在 Admin 站点中的单数名称为 Item type，复数名称为 Item types
```

```python
            verbose_name="试题类型"                      #设置模型在Admin站点中显示的单数名称
            verbose_name_plural = "试题类型"             #设置模型在Admin站点中显示的复数名称

class testItem(models.Model):                             #试题模型
    question=models.TextField(max_length=600,verbose_name='试题题干')
    options=models.TextField(max_length=600,verbose_name='试题选项',null=True,blank=True)
    #将图片保存到MEDIA_ROOT+'/pics'目录，upload_to只能是相对路径
    picture=models.ImageField(upload_to='pics',verbose_name='试题图片',null=True,blank=True)
    answer=models.TextField(max_length=1000,verbose_name='参考答案')
    type=models.ForeignKey(itemType,on_delete=models.CASCADE,\
                           verbose_name='试题类型')       #外键，关联试题类型
    def item_pic(self):
        if self.picture:
            return format_html(                           #在Admin站点中正确显示图片
                '<img src="{}" width="100px"/>','/static/'+self.picture.url)
        else:
            return "无图片"
    item_pic.short_description = '试题图片'
    class Meta:
        verbose_name="试题"
        verbose_name_plural = "试题"

class paperTemplate(models.Model):                        #试卷模板模型
    name=models.CharField(max_length=20,verbose_name='试卷模板名称')
    date=models.DateTimeField(verbose_name='制卷时间')
    typeOneCount=models.PositiveSmallIntegerField(default=40,verbose_name='单项选择题数量')
    typeOneScore=models.DecimalField(default=1,max_digits=3,
                     decimal_places=1,verbose_name='单项选择题分值')
    typeTwoCount=models.PositiveSmallIntegerField(default=3,verbose_name='基本操作题数量')
    typeTwoScore=models.DecimalField(default=5,max_digits=3,\
        decimal_places=1,verbose_name='基本操作题分值')
    typeThreeCount=models.PositiveSmallIntegerField(default=2,verbose_name='简单应用题数量')
    typeThreeScore=models.DecimalField(default=12.5,max_digits=3,\
        decimal_places=1,verbose_name='简单应用题分值')
    typeFourCount=models.PositiveSmallIntegerField(default=1,verbose_name='综合应用题数量')
    typeFourScore=models.DecimalField(default=20,max_digits=3,\
        decimal_places=1,verbose_name='综合应用题分值')
    def __str__(self):              #定义该方法，在Admin站点中引用模型对象时显示方法返回值
        return self.name
    class Meta:
        verbose_name="试题模板"
        verbose_name_plural = "试题模板"

class paperContent(models.Model):       #试卷内容模型，保存根据试卷选项生成的试卷
    name=models.CharField(max_length=20,verbose_name='试卷名称')
    content=models.TextField(max_length=400,verbose_name='试题ID列表')
    template=models.ForeignKey(paperTemplate,\
        on_delete=models.CASCADE,verbose_name='试卷模板')#外键，关联试卷模板
    def __str__(self):              #定义该方法，在Admin站点中引用模型对象时显示方法返回值
        return self.name
```

```
    class Meta:
        verbose_name="试卷内容"
        verbose_name_plural = "试卷内容"
```

关于模型定义的补充说明：

① 需要对模型中的图片字段 ImageField 进行额外的处理。

在模型中使用图片字段时，字段被默认渲染为文件上传控件，上传的图片被保存到 MEDIA_ROOT+upload_to 目录中。upload_to 是图片字段的参数，需为相对路径（不能使用绝对路径）。MEDIA_ROOT 用于设置媒体文件的根目录，示例代码如下。

```
MEDIA_ROOT=os.path.join(BASE_DIR,"itempool/static")
```

上面的设置将本例中 MEDIA_ROOT 设置为应用 ItemPool 下的 static 目录，static 是默认的静态资源目录。这样便于通过静态文件的统一 URL 路径"/static/"来访问媒体文件。

如果在项目配置文件中没有定义 MEDIA_ROOT，视图会在项目主目录中创建 upload_to 参数设置的路径。

在数据库中，图片字段被保存为 upload_to 路径加文件名的形式，如"pics/test.png"。在 Admin 站点中管理模型时，默认显示图片字段值，而不是图片。本例为图片字段定义了 item_pic()方法，在字段有图片时返回<img>元素，<img>元素通过静态文件路径"/static/pics"访问图片，从而在页面中正确显示图片。

item_pic.short_description 被设置为一个字符串，在 Admin 站点中用 item_pic()方法替代图片字段时，将该字符串作为列名。图 9-1 显示了图片字段在页面中的显示效果，图中对比了有图片和无图片的显示效果。

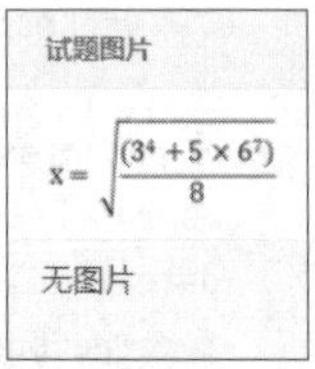

图 9-1　图片字段显示效果

② 将对象转换为字符串时调用模型的__str__(self)方法。

在 Admin 站点中管理模型时，关联对象默认显示为"itemType object(1)"格式。在图 9-2 所示的试题类型下拉列表中，选项为关联对象，用户无法通过选项知道试题类型名称，这样的显示方式很不方便。增加__str__方法后，列表可显示关联的试题类型名称，如图 9-3 所示，显然这种显示方式更友好。

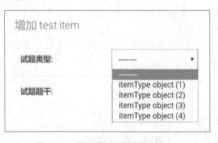

图 9-2　默认显示的关联对象

图 9-3　增加__str__方法后显示的关联对象

（3）修改项目配置文件 settings.py，注册 ItemPool 应用和中文中间件，设置中文语言、时区和媒体资源目录等。

```
INSTALLED_APPS = [
    ……
```

```
        'ItemPool',
]
MIDDLEWARE = [
    'django.middleware.locale.LocaleMiddleware',
    ……
]
LANGUAGE_CODE = 'zh-hans'                              #使用中文语言
TIME_ZONE = 'Asia/Shanghai'                            #使用中国上海时间
MEDIA_ROOT=os.path.join(BASE_DIR,"itempool/static")    #媒体资源目录
```

（4）在 Windows 命令窗口执行下面的命令完成数据库创建。

```
D:\chapter9>python manage.py makemigrations
Migrations for 'ItemPool':
  ItemPool\migrations\0001_initial.py
    - Create model itemType
    - Create model paperTemplate
    - Create model testItem
    - Create model paperContent

D:\chapter9>python manage.py migrate
Operations to perform:
  Apply all migrations: ItemPool, admin, auth, contenttypes, sessions
Running migrations:
  Applying ItemPool.0001_initial... OK
  ……
  Applying sessions.0001_initial... OK
```

（5）执行下面的命令，创建 Admin 站点的超级管理员账户。

```
D:\chapter9>python manage.py createsuperuser
Username (leave blank to use 'xbg'): admin
Email address:
Password:
Password (again):
Superuser created successfully.
```

9.2.3 注册模型

注册模型是实现本例的关键环节，该操作在 ItemPool 应用的 admin.py 文件中完成。

V9-3 注册模型

1. 修改站点标题

本例用自定义标题代替 Admin 站点的默认标题。

```
#替换站点默认标题
admin.site.site_title="Python 在线题库后台管理"    #定义站点标题（显示在浏览器标题栏）
admin.site.site_header="Python 在线题库"          #定义站点页面顶部标题
```

2. 注册试卷模板模型

在 Admin 站点中，试卷模板模型使用默认管理模板，只需要完成注册即可，注册代码如下。

```
from django.contrib import admin
```

```
from .models import *
admin.site.register(paperTemplate)          #按默认方式注册模型
```

3. 注册试题类型模型

注册代码如下。

```
@admin.register(itemType)                   #用下面的自定义类注册试题类型模型
class itemTypeAdmin(admin.ModelAdmin):
    list_display=['id','name']              #设置在模型数据浏览页面中显示的字段
    list_editable=['name']                  #允许在模型数据浏览页面中修改字段数据
```

装饰符@admin.register(itemType)表示用下面的自定义类来注册模型，自定义类是管理模型admin.ModelAdmin 的扩展类。

Admin 站点的模型数据浏览页面列出了现有的模型对象，可选择对象并修改其数据。list_display 属性设置在页面中显示的字段和字段的先后顺序。list_editable 属性设置可在模型数据浏览页面中直接进行数据修改的字段。

4. 注册试题模型

注册代码如下。

```
@admin.register(testItem)                                    #注册试题模型
class testItemAdmin(admin.ModelAdmin):
    list_display=['id','type','question','options','item_pic','answer']
    list_filter=['type__name']                               #设置过滤器字段
    ordering=['type','id']                                   #设置排序字段
    search_fields = ['question']                             #设置搜索字段，在页面中显示搜索框
    add_form_template='change_testItem.html'                 #设置添加数据表单模板
    change_form_template='change_testItem.html'              #设置修改数据表单模板
    fieldsets = (                                            #定义添加和修改页面中的字段及其先后顺序
       (None, {
          'fields': ('type','question','options','picture','answer')
       }), )
```

- list_filter 属性设置过滤器字段。在模型数据浏览页面右侧会显示过滤器，单击过滤器字段值可用其筛选页面中的数据。
- ordering 属性设置可排序的字段。默认情况下，所有字段均可排序。
- search_fields 属性设置搜索字段。设置了搜索字段时，在模型数据浏览页面上方会显示一个搜索框，在其中输入关键字进行搜索，只有当搜索字段包含搜索关键字时，才会在页面显示字段数据。
- add_form_template 属性设置添加数据页面使用的自定义模板，用于代替 Admin 站点的默认模板。
- change_form_template 属性设置修改数据页面使用的表单模板。
- fieldsets 属性设置添加和修改页面中的字段，包括要在页面中显示的字段和字段的先后顺序。

5. 注册试卷内容模型

注册代码如下。

```python
@admin.register(paperContent)        #注册试卷内容模型
class paperContentAdmin(admin.ModelAdmin):
    list_display=['id','name','content','template']
    ordering=['id','name','template']
    add_form_template='paperContent.html'
    change_form_template='paperContent.html'
    fieldsets = ( (None, {'fields': ('template','name','content') }), )
```

9.2.4 创建添加和修改试题对象模板

Admin 在添加和修改对象时，通常使用同一个模板。本例中，添加和修改试题对象时，使用 change_testItem.html 模板，代码如下。

V9-4 创建添加和修改试题对象模板

```
{% extends "admin/change_form.html" %}   <!--继承默认模板-->
{% load i18n admin_urls %}               <!--加载 Django 自定义的模板标记集-->
{% block after_field_sets %}             <!--覆盖 after_field_sets 块-->
<script>
    django.jQuery(document).ready(function () {
        django.jQuery('#id_type').change(function () {
            //#id_type 是试题类型列表，在改变试题类型时，
            //根据当前是否处于添加数据状态，隐藏或显示试题选项编辑框
            var url = window.location.href;//获得页面 URL
            var pos = url.indexOf("/add/");//检查 URL 是否包含/add/，包含则处于添加数据状态
            if (pos >= 0) {
                //在处于添加数据状态时，首先获得选择的试题类型的 ID
                var p1 = django.jQuery(this).children('option:selected').val();
                if (p1 > 1) {
                    //添加非单项选择题记录时，隐藏试题选项
                    django.jQuery('#id_options').css("display", "none");
                } else {
                    //添加单项选择题记录时，显示试题选项
                    django.jQuery('#id_options').css("display", "block");
                }
            }
        })
    })
</script>
{% endblock %}
```

代码继承了 Admin 站点的默认模板"admin/change_form.html"，并重新定义了 after_field_sets 块，在块中添加了一段 jQuery 脚本。脚本根据 URL 是否包含"/add/"来判断当前是否处于添加数据状态。添加数据时，只有单项选择题需要添加试题选项。所以在添加数据时，如果从试题类型列表中选择单项选择题，则显示试题选项编辑框，否则将其隐藏。

Admin 站点的默认模板支持 jQuery。Django 2.1 已经将 jQuery 升级到 3.3.1 版本。为了避免冲突，Django 将 jQuery 命名为 django.jQuery。

9.2.5 创建添加和修改试卷内容对象模板

在添加和修改试卷内容对象时，使用 paperContent.html 模板，模板代码如下。

V9-5 创建添加和修改试卷内容对象模板

```
{% extends "admin/change_form.html" %}       <!--继承默认模板-->
{% load i18n admin_urls %}                    <!--加载Django自定义的模板标记集-->
{% block after_field_sets %}                  <!--覆盖after_field_sets块-->
<input type="button" id="make_paper" value="生成试卷内容" />
<script>
    django.jQuery(document).ready(function () {
        django.jQuery('#make_paper').click(function () {
            if (django.jQuery('#id_template').val() == "") {
                //单击"生成试卷内容"按钮时,没有选择试卷模板,显示提示对话框
                alert('请先选择试卷模板!')
            }
            else {
                //单击"生成试卷内容"按钮时,选择了试卷模板
                var a = django.jQuery('#id_template').val();//获得试卷模板ID
                //发起Ajax请求,将试卷模板ID作为参数传递给/getpapercontent/
                django.jQuery.get("/getpapercontent/", { 'papertemplateid': a },
                    function (ret) {
                        django.jQuery('#id_content').val(ret)//将响应结果添加到网页
                    });
            }
        })
    })
</script>
{% endblock %}
```

在添加和修改试卷内容对象时,需要根据选择的试卷模板,从题库随机抽取试题。在试卷内容对象的 content 字段中,保存随机抽取的试题 ID。

模板为页面添加一个"生成试卷内容"按钮,单击按钮时通过 jQuery 脚本发起 Ajax 请求。请求将试卷模板 ID 发送给服务器,服务器端的 Django 视图根据试卷模板 ID 从题库随机抽取试题,并将试题 ID 列表返回客户端。

9.2.6 实现随机抽取试题

实现随机抽取试题的视图代码如下。

```
from django.http import HttpResponse
from .models import *                                      #导入模型
import random
import os
def makePaperConent(request):
    #从请求中获得使用的试卷模板的ID
    pid=int(request.GET['papertemplateid'])
    #获得ID对应的试卷模板对象,从中获取用于抽取试题的试卷设置
    pt=paperTemplate.objects.get(id=pid)
    #随机抽取试题的基本思路:
    #从数据库按题型返回试题ID,返回的对象为QuerySet
    #根据QuerySet的count()值,调用random.randint()获得该范围内的随机整数
    #用随机整数作为索引获得试题ID值,将其加入试题列表,加入时要避免重复
    item_ids=getItems(pt.typeOneCount,'单项选择题')         #抽取单项选择题
    item_ids+=getItems(pt.typeTwoCount,'基本操作题')         #抽取基本操作题
```

```
        item_ids+=getItems(pt.typeThreeCount,'简单应用题')      #抽取简单应用题
        item_ids+=getItems(pt.typeFourCount,'综合应用题')       #抽取综合应用题
        return HttpResponse('%s' % item_ids)

def getItems(count,key):                                       #根据数量和题型抽取试题
    td=[]                                                       #初始的空白试题列表,保存已抽出的试题 ID
    n=0                                                         #用于对已抽出的试题 ID 进行计数
    #按题型获得试题 ID 的 QuerySet
    ts=testItem.objects.filter(type__name=key).values('id')
    while n<count:                                              #抽取试题
        x=random.randint(0,ts.count()-1)
        while ts[x]['id'] in td:
            #如果随机抽取的 ID 与已抽出的 ID 重复,则重新生成随机数
            x=random.randint(0,ts.count()-1)
        td.append(ts[x]['id'])                                  #将不重复的 ID 加入列表
        n=n+1
    return td
```

访问视图 makePaperConent 的 URL 配置如下。

```
......
from ItemPool import views as itemPoolView    #从应用导入视图
urlpatterns = [
    ......
    path('getpapercontent/', itemPoolView.makePaperConent),
]
```

9.3 数据管理

数据管理在 Admin 站点中完成。用超级用户账户登录站点,首页如图 9-4 所示。在 ITEMPOOL 部分,列出了已注册的 ItemPool 应用的模型。

V9-7 数据管理

图 9-4 超级用户登录后的站点首页

9.3.1 试题类型模型管理

在站点首页中单击"试题类型"链接或其右侧的"修改"链接,进入试题类型模型的数据浏览

页面，如图 9-5 所示。

图 9-5　试题类型模型的数据浏览页面

在注册模型时设置了"list_editable=['name']"，所以在页面中可直接修改试题类型名称。单击 ID 链接，可进入单个试题类型的修改页面。修改页面和添加页面基本相同。

在站点首页中单击"试题类型"链接右侧的"增加"链接，或在数据浏览页面中单击右上角的"增加 试题类型"链接，可进入添加数据页面，如图 9-6 所示。在页面中可完成数据添加。

图 9-6　添加试题类型

9.3.2　试题模型管理

在站点首页中单击"试题"链接或其右侧的"修改"链接，进入试题模型的数据浏览页面，如图 9-7 所示。

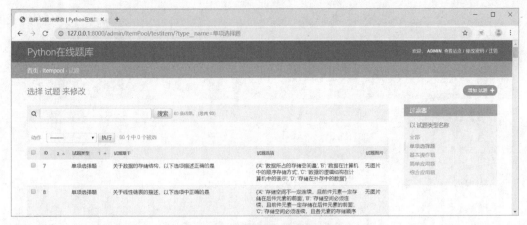

图 9-7　试题模型的数据浏览页面

在页面中，可在左上方的搜索框中输入关键字来查找试题。在注册模型时设置的搜索字段为question，所以按该字段内容进行查找。在右侧的过滤器列表中，单击选项可按试题类型筛选。

在站点首页中单击"试题"链接右侧的"增加"链接，或在数据浏览页面中单击右上角的"增加 试题"链接，可进入添加数据页面，如图 9-8 所示。在页面中可完成数据添加。

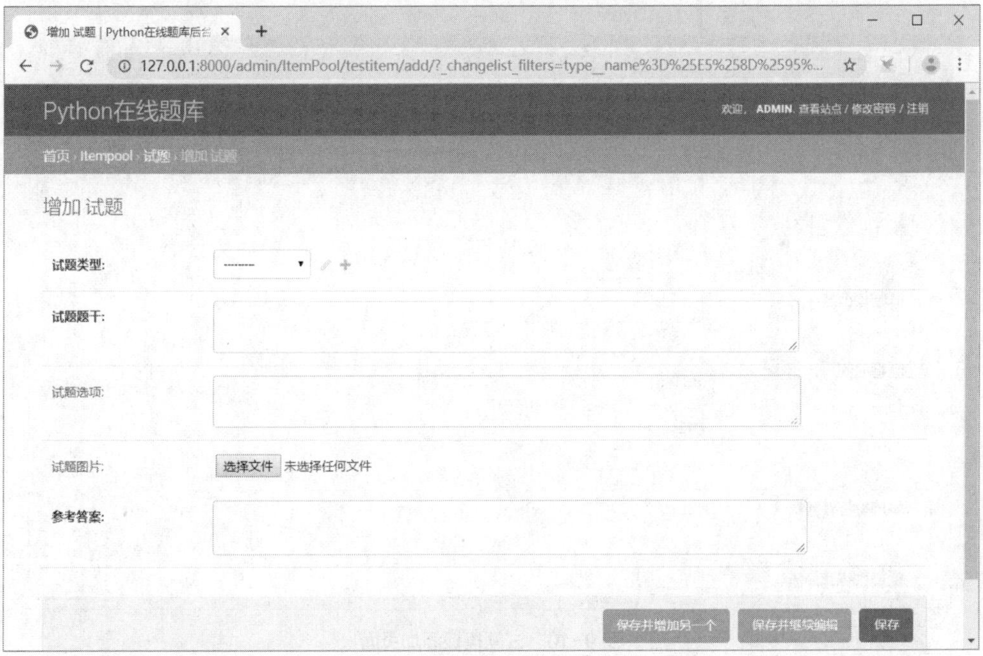

图 9-8　试题添加页面

9.3.3　试卷模板模型管理

在站点首页中单击"试卷模板"链接或其右侧的"修改"链接，进入试卷模板模型的数据浏览页面，如图 9-9 所示。

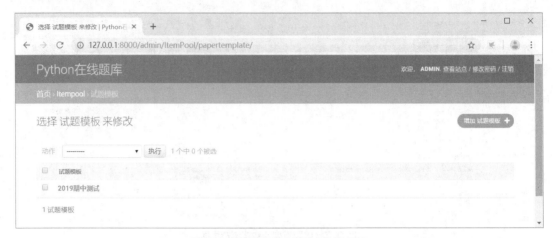

图 9-9 试卷模板模型的数据浏览页面

在站点首页中单击"试卷模板"链接右侧的"增加"链接，或在数据浏览页面中单击右上角的"增加 试题模板"链接，可进入添加数据页面，如图 9-10 所示。

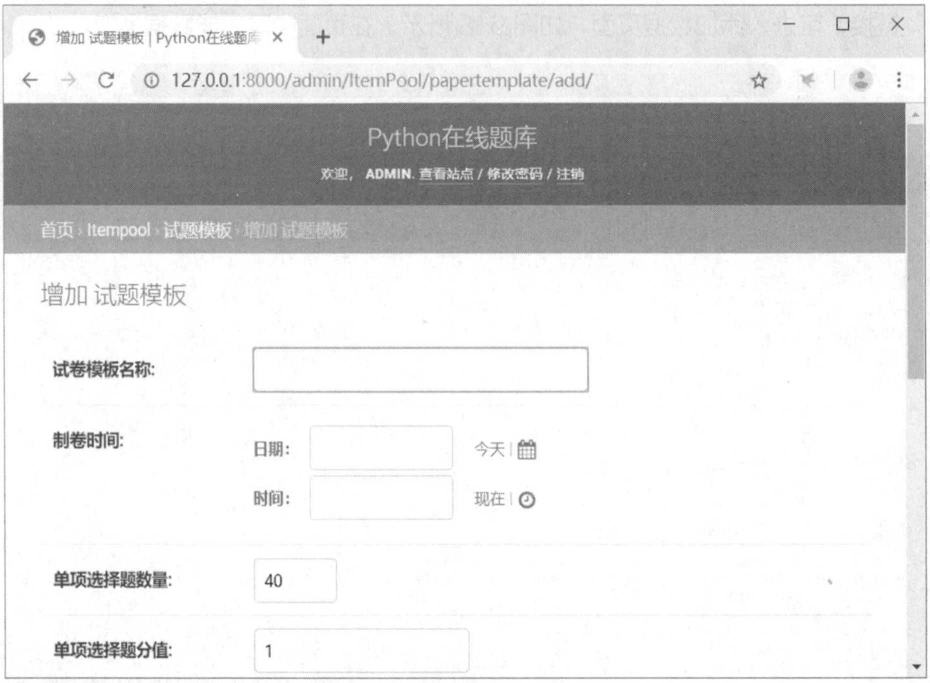

图 9-10 试题模板添加页面

页面中为各种题型设置了默认的数量和分值，可在各个输入框中修改设置。

9.3.4 试卷内容模型管理

在站点首页中单击"试卷内容"链接或其右侧的"修改"链接，进入试卷内容模型的数据浏览页面，如图 9-11 所示。

图 9-11　试卷内容模型的数据浏览页面

在站点首页中单击"试卷内容"链接右侧的"增加"链接，或在数据浏览页面中单击右上角的"增加 试题内容"链接，可进入添加数据页面，如图 9-12 所示。

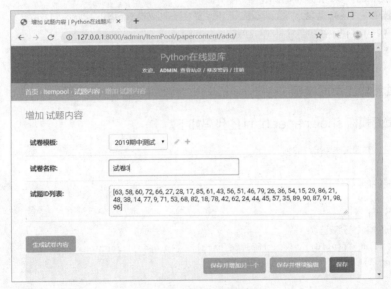

图 9-12　试题内容添加页面

在页面中首先在"试卷模板"下拉列表中选择要使用的试卷模板，然后可单击"生成试卷内容"按钮抽取试题。抽取的试题 ID 以列表的方式添加到"试题 ID 列表"输入框中。

9.4　实现试卷导出

试卷导出属于项目实现的另一部分，它需要在数据管理完成，即题库中具有一定数量的试题之后才能实现。

9.4.1 基本思路

试卷导出的基本实现思路如下。

(1) 在试卷导出页面中显示现有的试卷列表。

(2) 用户从试卷列表中选择要导出的试卷时，在页面中显示试卷预览内容。试卷预览内容为 HTML 格式，直接在浏览器中查看。

(3) 在生成试卷预览内容的同时，将试卷写入 Word 文件供用户下载。

(4) 获得试卷预览内容后，用户可在页面中请求试卷下载链接。试卷下载为 Word 文件。

(5) 试卷导出页面通过 Ajax 向服务器发起请求，服务器端用 Django 视图完成处理。

本例使用 python-docx 生成试卷 Word 文档，首先需要安装 python-docx，安装命令如下。

```
D:\chapter9>pip install python-docx
Collecting python-docx
 ......
  Downloading
https://files.pythonhosted.org/packages/21/ba/ca19058e1ae455c0425f72bd9fe1a0493e89f19f494b46a5c88867371
def/lxml-4.4.0-cp37-cp37m-win_amd64.whl (3.7MB)
     |████████████████████████████████| 3.7MB 547kB/s
Installing collected packages: lxml, python-docx
  Running setup.py install for python-docx ... done
Successfully installed lxml-4.4.0 python-docx-0.8.10
```

9.4.2 定义试卷导出页面模板

试卷导出页面模板 showpaper.html 的代码如下。

```
<h3>Python 在线题库试卷导出</h3>
请选择试卷:
<select id="paperlist">
    <option value="">------------</option>
    {% for p in pcs %}
    <!--自动生成试卷列表选项-->
    <option value="{{p.id}}">{{p.template.name}}: {{p.name}}</option>
    {% endfor %}
</select>
<input type="button" id="down" value="获取试卷下载地址" /><span id="todown"></span>
<hr>
试卷内容预览:
<div id="paper" style="border-style:groove;border-width: 5px;"></div>
<script src="/static/jquery-3.4.1.min.js"></script>
<script>
    $(document).ready(function () {
        $('#paperlist').change(function () {
            if ($(this).val() == "") {
                //改变试卷列表选项时,如果没有选择试卷,
                //则清空原有的试卷预览和下载链接
                $('#paper').html('')
                $('#todown').html('')
```

```
            }
        else {
            //在试卷列表中选择了试卷时，将试卷 ID 传递给服务器，获取试卷内容
            var a = $(this).children('option:selected').val()
            $('#todown').html('')                //改变当前试卷时，先清除原有的下载
            //发起 Ajax 请求，获取试卷预览内容
            $.get("/getpaper/", { 'paperid': a },function (ret) {
                $('#paper').html(ret)           //将响应结果添加到网页
            });
        }
    })
    $('#down').click(function () {
        //获取试卷下载链接
        var a = $(paperlist).children('option:selected').val()
        if (a != "") {
            $.get("/getdoc/", { 'paperid': a }, function (ret) {
                $('#todown').html(ret)          //将响应结果添加到网页
            });
        }
    })
})
</script>
```

模板中使用了 jQuery，注意其与 9.2.4 节和 9.2.5 节中模板的区别。9.2.4 和 9.2.5 中的模板继承了 Admin 站点的默认模板，其中的 jQuery 已被定义为 django.jQuery。

此处的 showpaper.html 是自定义的模板，首先使用 "`<script src="/static/jquery-3.4.1.min.js"></script>`" 在页面中包含 jQuery 库，已下载的 jQuery 库放在应用 ItemPool 下的 static 文件夹中，其 URL 访问路径为 "/static/"。当然，也可以使用各种在线版的 jQuery 库，示例代码如下：

```
<script src="https://code.jquery.com/jquery-3.4.1.slim.min.js"></script>
```

9.4.3 定义试卷导出相关视图

试卷导出页面需要 3 个视图：显示试卷导出页面视图、生成试卷预览内容视图和生成下载地址视图。

1. 定义显示试卷导出页面视图

视图需要将数据内容表内的所有试卷数据传递给模板，由模板生成试卷列表，视图代码如下。

```
from django.template.response import TemplateResponse
def getPaperIndex(request):
    pcs=paperContent.objects.order_by('name')           #获取试卷数据
    return TemplateResponse(request,'showpaper.html',{'pcs':pcs})
```

2. 定义生成试卷预览内容视图

视图根据试卷内容表的试题 ID 列表字段，从试题表获得对应试题的详细数据，用其生成 HTML 格式的试卷预览内容，同时将试题写入 Word 文档。

视图代码如下。

```python
from docx import Document
from docx.shared import Cm
def getPaper(request):                                    #生成试卷预览内容和 Word 文档
    pid=int(request.GET['paperid'])                       #获得试卷内容 ID
    pc=paperContent.objects.get(id=pid)                   #获得试卷内容 ID 对应的试卷对象
    #itemList 保存试题 ID 列表，后面会通过试题 ID 从模型获取试题
    #在抽取试题时，按照单项选择题、基本操作题、简单应用题和综合应用题的顺序
    #后面会按该顺序从 itemList 获得试题 ID 来输出试卷详细内容
    itemList=eval(pc.content)
    #paper 变量保存试卷预览内容
    ptitle="%s_%s"%(pc.template.name,pc.name)
    paper="<h1>%s</h1>"%ptitle
    #document 变量用于将试卷内容写入 Word 文档
    document = Document()                                 #新建空白 Word 文档
    document.add_heading(ptitle,level=1)                  #作为一级标题写入 Word 文档
    #变量 path 保存图片文件的系统路径，将图片写入 Word 文档时用该路径获取图片
    path=os.path.dirname(os.path.abspath(__file__))+'\\static\\'
    #pt 为试卷模板对象，从中获得各类型试题的数量和分值
    pt=paperTemplate.objects.get(id=pc.template.id)

    #输出单项选择题
    t='一、输出单项选择题。（共%s 小题，每小题%s 分）'%(pt.typeOneCount,pt.typeOneScore)
    paper+='<p>%s</p>'%t                                  #添加预览内容
    document.add_paragraph(t)                             #向 Word 文件添加段落
    index=1
    while index<=pt.typeOneCount:
        #根据试题 ID，通过模型对象获得试题
        item=testItem.objects.get(id=itemList[index-1])
        t='%s.%s'%(index,item.question)
        paper+='%s<br>'%t
        document.add_paragraph(t)
        if item.picture:
            #有图片时，注意预览内容需使用图片的 URL
            #写入 Word 文档时，使用图片的本地系统路径
            src='/static/%s'%item.picture
            paper+='<img src="%s"><br>'%src
            document.add_picture(path+'%s'%item.picture, width=Cm(2))
        op=eval(item.options)                             #获得单选题的选项字典
        paper+='（A）%s<br>（B）%s<br>（C）%s<br>（D）%s<br>'%\
            (op['A'],op['B'],op['C'],op['D'])
        t='（A）%s（B）%s（C）%s（D）%s'%(op['A'],op['B'],op['C'],op['D'])
        document.add_paragraph(t)
        index=index+1

    #输出基本操作题
    t='二、基本操作题。（共%s 小题，每小题%s 分）'%(pt.typeTwoCount,pt.typeTwoScore)
    paper+='<p>%s</p>'%t
    document.add_paragraph(t)
    n=index
```

```python
index=1
while index<=pt.typeTwoCount:
    item=testItem.objects.get(id=itemList[n-1])
    t='%s.%s'%(index,item.question)
    paper+='%s<br>'%t
    document.add_paragraph(t)
    if item.picture:
        src='/static/%s'%item.picture
        paper+='<img src="%s"><br>'%src
        document.add_picture(path+'%s'%item.picture, width=Cm(2))
    n=n+1
    index=index+1

#输出简单应用题
t='三、简单应用题。(共%s 小题，每小题%s 分）'% (pt.typeThreeCount,pt.typeThreeScore)
paper+='<p>%s</p>'%t
index=1
while index<=pt.typeThreeCount:
    item=testItem.objects.get(id=itemList[n-1])
    t='%s.%s'%(index,item.question)
    paper+='%s<br>'%t
    document.add_paragraph(t)
    if item.picture:
        src='/static/%s'%item.picture
        paper+='<img src="%s"><br>'%src
        document.add_picture(path+'%s'%item.picture, width=Cm(2))
    n=n+1
    index=index+1

#输出综合应用题
t='四、综合应用题。(共%s 小题，每小题%s 分）'%(pt.typeFourCount,pt.typeFourScore)
paper+='<p>%s</p>'%t
index=1
while index<=pt.typeFourCount:
    item=testItem.objects.get(id=itemList[n-1])
    t='%s.%s'%(index,item.question)
    paper+='%s<br>'%t
    document.add_paragraph(t)
    if item.picture:
        src='/static/%s'%item.picture
        paper+='<img src="%s"><br>'%src
        document.add_picture(path+'%s'%item.picture, width=Cm(2))
    n=n+1
    index=index+1

document.add_page_break()                    #结束 Word 文档的内容写入
filename='%s_%s.docx'%(pc.template.name,pc.name)
document.save(path+filename)                 #将 Word 文档写入系统文件
request.session['paperfile']=filename        #在会话中保存试卷名称，用于生成下载地址
return HttpResponse(paper)
```

3. 定义生成下载地址视图

视图从会话中获取试卷的 Word 文档文件名，生成下载地址并返回，代码如下。

```
def getDoc(request):                                          #向客户端返回试卷 Word 文件下载地址
    filename=request.session['paperfile']
    url='<a href="/static/%s">%s</a>' %(filename,filename)    #生成下载地址
    return HttpResponse(url)
```

4. 配置 URL

访问各个视图的 URL 配置如下。

```
from ItemPool import views as itemPoolView
urlpatterns = [
    ......
    path('getpaperindex/', itemPoolView.getPaperIndex),
    path('getpaper/', itemPoolView.getPaper),
    path('getdoc/', itemPoolView.getDoc),
]
```

9.4.4 测试试卷导出页面

在浏览器中访问 http://127.0.0.1:8000/getpaperindex/，打开默认的试卷导出页面，如图 9-13 所示。

图 9-13 默认试卷导出页面

在"请选择试卷"下拉列表中选择试卷名称，页面可显示试卷预览内容，如图 9-14 所示。

图 9-14 显示试卷预览内容的页面

有预览内容时，单击"获取试卷下载地址"按钮，可在按钮右侧显示下载链接，如图 9-15 所示。单击链接可下载试卷的 Word 文件。

图 9-15　显示了试卷下载链接的页面

本章小结

本章首先简单介绍了本章实例的功能分析和数据库设计方法，然后详细介绍了项目的实现过程。本章实例的实现主要基于 Django 提供的 Admin 站点。Admin 站点的扩展主要包括在应用的 admin.py 文件中完成模型注册、创建自定义模板和创建视图等。

在 admin.py 文件中，用 admin.site.register()方法注册模型时，Admin 站点采用默认方式进行管理。如果需要自定义管理功能，可通过扩展 admin.ModelAdmin 完成注册，例如。

```
@admin.register(itemType)                #用下面的自定义类注册试题类型模型
class itemTypeAdmin(admin.ModelAdmin):
    list_display=['id','name']           #设置在模型数据浏览页面中显示的字段
    ……
```

装饰器@admin.register 说明 admin.ModelAdmin 扩展类要注册的应用模型。在扩展类中，通过设置相应的属性实现自定义管理功能。

习　题

（1）修改本章实例，在试题模型的数据浏览页面中只显示试题 ID、试题类型和试题题干，如图 9-16 所示。

V9-9　习题（1）

图 9-16　习题（1）效果图

（2）修改本章实例，为试卷内容的数据浏览页面增加按试卷名称搜索的功能，将试卷名称设置为过滤器，如图 9-17 所示。

（3）为本章实例中实现的试卷导出页面添加访问限制，用户只能在登录后才可访问试卷导出页面。

V9-10 习题（2）

V9-11 习题（3）

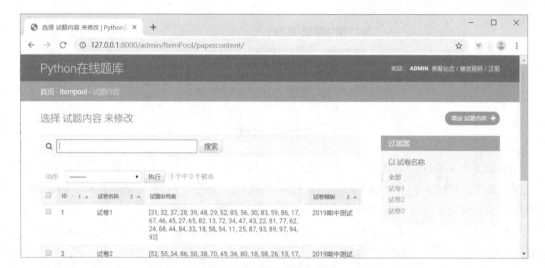

图 9-17　习题（2）效果图

（4）有单项选择题文本文件 data.txt，文件中试题基本格式如图 9-18 所示。编写一个 Python 程序将其数据导入试题表。

V9-12 习题（4）

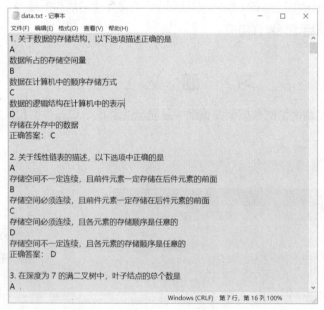

图 9-18　data.txt 文件数据格式